VORBILD NATUR

Europäische Landschildkröten

Naturnahe Aufzucht

WOLFGANG WEGEHA

Eine kompakte Anleitung für die Unterbringung, Pflege und Ernährung von Jungtieren

Schlüpfling der
Breitrandschildkröte, Sardinien.

Inhaltsverzeichnis

Griechische Landschildkröte
Testudo hermanni boettgeri

Griechische Landschildkröte
Testudo hermanni hermanni

Breitrandschildkröte
Testudo marginata

Maurische Landschildkröte
Testudo graeca ibera

Die Russische Landschildkröte *Testudo (Agrionemys) horsfieldii* wird auch Steppenschildkröte oder Vierzehenschildkröte genannt.

Lieber Schildkrötenfreund,

Sie haben sich dafür entschieden, eine oder vielleicht sogar mehrere Schildkröten zu pflegen und sind sich darüber bewusst, dass Schildkröten aufgrund ihrer außergewöhnlich hohen Lebenserwartung oft sogar mehr als eine Anschaffung fürs Leben sein können. Es gibt heute bereits Schildkröten, die von den Eltern oder Großeltern der gegenwärtigen Halter angeschafft wurden.

Um den Schildkröten ein gesundes Leben bis ins natürlich hohe Alter zu ermöglichen, sollten Sie die Tiere so gut wie in unseren Breitengraden möglich pflegen. Als Vorbild ist hierzu nichts besser geeignet als die Natur selbst. Allerdings setzt das voraus, dass man weiß, wo und vor allem in welchen mikroklimatischen Bedingungen die jungen Schildkröten in ihrem ursprünglichen Verbreitungsgebiet im Mittelmeerraum tatsächlich leben. Die Lebensweise von Jungtieren in den ursprünglichen Lebensräumen war bis vor wenigen Jahren noch völlig unbekannt und wurde erstmals von mir intensiv erforscht, zunächst auf meiner Homepage veröffentlicht und von 2002 an auch in verschiedenen Publikationen beschrieben.

Schildkröten sind tagaktive Reptilien, die für ihre Lebensvorgänge auf eine, bei uns nicht immer vorhandene, sehr helle Wärmestrahlung und ein besonderes Mikroklima angewiesen sind. Eine artgerechte Haltung ist deshalb nur mit dem erforderlichen Fachwissen und einer geeigneten Ausstattung erreichbar.
Diese Anleitung soll Sie über grundlegende Dinge in der Aufzucht junger Landschildkröten informieren und Ihnen die ersten Schritte als Schildkrötenhalter ermöglichen. Sie kann eine weiterführende Fachliteratur auf keinen Fall ersetzen. Informieren Sie sich deshalb ausführlich nicht nur über die Haltung und Zucht, sondern auch über die Lebensräume, die Ernährung und die Lebensweise der Schildkröten in den ursprünglichen Habitaten. Nur artgerecht gehaltene Tiere machen Freude und das ist sicherlich der Hauptgrund, warum wir Schildkröten halten möchten.

Das „Vorbild Natur" richtig umgesetzt erspart Ihnen und vor allem auch Ihren Schildkröten den stets Stress verursachenden Transport zum Tierarzt, manches Leid und nicht zuletzt auch wesentlich höhere Investitionen wie die Kosten für zusätzliche Fachliteratur. Gerade bei der Haltung von Schildkröten und besonders bei der Aufzucht von Jungtieren sind in den zurückliegenden Jahren aus Unwissenheit und leider auch wegen falscher Beratung viele nicht mehr gut zu machende Fehler begangen worden.

Sie sollten immer bedenken, dass auch bei uns geschlüpfte Schildkröten nach wie vor Wildtiere sind und sich nicht an unser Klima oder von uns aufgezwungene Haltungsweisen gewöhnen können. Gerade junge Schildkröten sind sehr anfällig für Haltungs- und Fütterungsfehler, die sich sehr schnell in Form von Wachstumsstörungen bemerkbar machen. Bei im Wachstum befindlichen Jungtieren entwickeln sich Haltungs- und Fütterungsfehler zu schmerzhaften inneren Erkrankungen, welche leider auch zum „plötzlichen" Tod des Tieres führen können. Aufgrund der geringen Körpermasse reagieren junge Schildkröten wesentlich empfindlicher auf alle Umwelteinflüsse, kühlen schneller aus und überhitzen verhältnismäßig schnell.

Sie sind nicht nur nach dem Tierschutzgesetz, sondern schon alleine aus der Verantwortung des Menschen heraus verpflichtet, das Leben und Wohlbefinden des Tieres als Mitgeschöpf zu schützen. Niemand darf einem Tier ohne vernünftigen Grund Schmerzen, Leiden oder Schäden zufügen. Wer ein Tier zu betreuen hat, muss es angemessen ernähren, pflegen und verhaltensgerecht unterbringen und darf die Möglichkeit des Tieres, sich artgerecht zu bewegen, nicht einschränken. Insbesondere müssen Sie als Halter über alle Kenntnisse und Fähigkeiten verfügen, die für eine angemessene Ernährung, Pflege und verhaltensgerechte Unterbringung des Tieres erforderlich sind. Für einen vernünftigen Menschen sollte das eine Selbstverständlichkeit sein.

Auch wenn es manche Halter gern anders sehen: Schildkröten sind Reptilien, deren Verhalten vom Instinkt gesteuert wird. Instinktgesteuerte Tiere kennen keine sentimentalen oder emotionalen Gefühle und sind in keiner Weise einfühlsam. Sie haben ausschließlich das Ziel sich fortzupflanzen, um das Überleben der eigenen Art zu sichern. Schildkröten sollten deshalb nicht vermenschlicht werden und können nichts mit Streicheleinheiten oder sonstigen Liebeszuwendungen anfangen. Ganz im Gegenteil: ständiges Anfassen, Aufheben und auf den Rücken drehen bereitet den Tieren nicht nur Unbehagen, sondern auch extremen Stress und kann in der Folge Krankheiten auslösen. Das Hantieren mit diesen Wildtieren sollte sich deshalb nur auf die unbedingt notwendigen Handhabungen und Gesundheitskontrollen beschränken. Schildkröten sind als Kriechtiere in besonderem Maße mit dem Boden verbunden und haben einen sehr ausgeprägten Sinn selbst für geringste Erschütterungen.

Natürlich gewöhnen sich jahrelang gehaltene Schildkröten an das Leben in Gefangenschaft, verlieren ihre anfängliche Scheu und interessieren sich für Neues. Aber wahrscheinlich nur aus dem einen Grund, weil sie fressen müssen, um möglichst schnell geschlechtsreif zu werden.

Dennoch ist es für mich auch heute noch immer wieder interessant, das zumeist geruhsame, aber manchmal auch sehr agile Leben der Schildkröten im Jahresverlauf zu beobachten. Auch Sie haben an diesen Wildtieren sicherlich die größte Freude, wenn Sie ihnen ein relativ ungestörtes Leben in einem gut strukturierten Wildtiergehege mit mehreren Artgenossen ermöglichen.

Wenn Sie die hier angesprochenen grundlegenden Dinge beachten, werden Sie mit hoher Wahrscheinlichkeit lange Zeit Freude an Ihren neuen Schützlingen haben.

Irgendwo habe ich vor langer Zeit einmal folgenden Satz gelesen:

> **„Griechische Landschildkröten können auch in Gefangenschaft über 100 Jahre alt werden, leider erleben die allermeisten Tiere dieses Alter jedoch nicht."**

Dieser Satz war für mich der Anstoß, die Lebensräume und die Lebensweise der europäischen Schildkröten in der freien Wildbahn zu studieren. Meine hierbei in mehr als 40 Jahren gewonnenen Erkenntnisse habe ich konsequent in der Haltungs-, Aufzucht-, Ernährungs- und Zuchtbeschreibung in zwischenzeitlich 5 Büchern, auch in englischer Sprache, zahlreichen Artikeln in nationalen und internationalen Fachzeitschriften sowie regelmäßigen Vorträgen auf Tagungen und Vereinsabenden, umgesetzt. Es freut mich sehr, dass meine Aufklärungsarbeit inzwischen fruchtet und besonders die Gestaltung der Gehege nach dem Vorbild Natur bei allen engagierten Haltern zum Standard geworden ist und die meisten Publikationen und Internetpräsentationen über die artgerechte Haltung der europäischen Landschildkröten prägt.
Es liegt nun an Ihnen, sich umfassend zu informieren, damit auch Sie das Vorbild Natur in eine artgerechte Haltung der bei uns immer noch in Gefangenschaft lebenden Wildtiere umsetzen können.

Wolfgang Wegehaupt
Kressbronn im Frühjahr 2013

Arten und Unterarten

Auf die Unterscheidungsmerkmale der einzelnen Arten und Unterarten der europäischen Landschildkröten kann ich im Rahmen des vorliegenden Ratgebers nicht eingehen. Hierzu finden Sie detaillierte Informationen in den Büchern „Natürliche Haltung und Zucht der Griechischen Landschildkröte" und „Sardinien, die Insel der europäischen Schildkröten".

Obwohl sogar die verschiedenen Unterarten in teilweise sehr unterschiedlichen Habitaten vorkommen, braucht bei der Aufzucht der Jungtiere und auch bei der Haltung älterer europäischer Schildkröten kein Unterschied gemacht zu werden. Allerdings sollten Sie verschiedene Arten und Unterarten getrennt voneinander halten.

Einige Besonderheiten müssen bei der ebenfalls sehr häufig gehaltenen Russischen Landschildkröte *Testudo (Agrionemys) horsfieldii* jedoch unbedingt berücksichtigt werden. Sie kommt vorwiegend in Mittelasien vor und besiedelt sehr trockene, im Sommer extrem heiße, oft sehr lehmige Steppenhabitate. Im Sommer regnet es in ihrem Verbreitungsgebiet äußerst selten und auch im dort eiskalten Winter relativ wenig. Das Tag-/Nacht-Temperaturgefälle beträgt im Sommer bis zu 40 °C. Russische Landschildkröten sollten daher auch bei uns im Sommer relativ trocken und im Winter nur mäßig feucht bei 2 °C bis 4 °C gehalten werden.

Eine weitere Besonderheit ist, dass Russische Landschildkröten in der lehmigen Erde lange und tief liegende Gänge graben, in die sie sich nicht nur im Winter, sondern auch zu einer Sommerruhe zurückziehen. Ein lehmiger Boden ist daher zum Anlegen von Gängen auch im Gehege bevorzugt zu verwenden. Ebenso ist die Gehegeeinfriedung mindesten 30 bis 50 Zentimeter im Boden zu versenken, um ein Ausgraben der Tiere zu verhindern.

In den ursprünglichen Lebensräumen beträgt die jährliche Aktivitätszeit aufgrund der bis zu zweimonatigen Sommerruhe und einer etwa fünfmonatigen Winterruhe oft weniger als fünf Monate. In dieser vergleichsweise kurzen Zeit müssen sich die Schildkröten entwickeln und vermehren. Aus diesem Grund fressen diese Schildkröten in menschlicher Obhut gerne zu viel und neigen zur Überfettung, was leicht an den regelrecht aus dem Panzer herausquellenden Fettpolstern zu erkennen ist.

Alle anderen Haltungsansprüche unterscheiden sich nicht wesentlich von denen der europäischen Landschildkröten.

Griechische Landschildkröte *Testudo hermanni*

o. links: *Testudo hermanni hermanni,*
die Westliche Unterart
oben: *Testudo hermanni boettgeri,*
die Östliche Unterart
links: *Testudo hermanni hercegovinensis,*
die Dalmatinische Landschildkröte

Iberische Landschildkröte
Testudo graeca ibera

Maurische Landschildkröte
Testudo graeca graeca

Breitrandschildkröte *Testudo marginata*

Russische Landschildkröte
Testudo (Agrionemys) horsfieldii

Vorbild Natur Spezial

Ein noch sehr ursprüngliches Legegebiet. Im Frühjahr legen hier alle Weibchen aus dem umliegenden Hügelland ihre Eier ab. Gleichzeitig sind solche Bereiche mit niederem Buschbewuchs in Senkenlage der Lebensraum der Jungtiere. In der immer wieder überwucherten und in einander regelrecht verfilzten Krautschicht sind die Tiere so gut wie nicht zu sehen. Nur selten sind einzelne Tiere in lichteren Bereichen beim Fressen zu beobachten. Überall befinden sich kleine Tunnelgänge. Ein leichtfertiges Begehen solcher Legegebiete ist äußerst problematisch, da leicht Jungtiere zertreten werden könnten.

Testudo hermanni boettgeri, Albanien

Der Lebensraum

Im Mittelmeerraum leben europäische Landschildkröten inzwischen in vielen vom Menschen veränderten oder bereits völlig zerstörten Lebensräumen, in denen die Tiere aufgrund vielfältiger äußerer Einflüsse ihre in mehr als 230 Millionen Jahren geprägte Lebensweise nicht mehr in vollem Umfang ausleben können. Selbstverständlich sind alle landwirtschaftlich oder sonst vom Menschen genutzte Flächen, in denen durchaus noch vereinzelte Restschildkröten vorkommen können, als Vorbild Natur in jeder Beziehung ungeeignet.

Das Vorbild Natur befindet sich in der Ur-Macchia oder in deren Sekundärvegetation, dem niederen Buschwald der heutigen Macchia und in der Garrigue. Die Schildkröten siedeln dort ausschließlich in windgeschützten, sonnendurchfluteten, kargen, meist kalkhaltigen Landstrichen mit wärmespeichernden und sehr steinigen oder sandigen Böden. Es handelt sich um windgeschützte Wärmeinseln in vollsonnigen Südlagen mit einem eigenen, ganz besonderen Kleinklima. Innerhalb dieser teilweise sehr hügeligen Landschaft leben die jungen Landschildkröten bis zum Alter von etwa 6 Jahren noch nicht in einem Verband mit den alten Tieren zusammen, sondern in Jungtier-Gruppen innerhalb des niederen Pflanzengestrüpps der in die Habitate integrierten Eiablagegebiete.

Die alten Schildkröten leben in einer wilden, mit Bäumen und dichtem Buschwald überzogenen Landschaft. Zur Eiablage müssen die Weibchen ihr Streifgebiet verlassen und Bereiche mit niederem Bewuchs, voller Sonneneinstrahlung auf die Bodenfläche und hohem Grundwasserspiegel aufsuchen. Nur in solchen Bereichen ist die Entwicklung der Eier und vor allem auch das gesunde Aufwachsen der jungen Schildkröten gesichert.

Das Mikroklima

Nach dem Verlassen der Eigrube verkriechen sich die Jungtiere unter dem zu dieser Jahreszeit vertrockneten Pflanzenfilz. Zumindest ihr erstes Lebensjahr verbringen die Schlüpflinge zusammen mit ihren Geschwistern noch im sehr nahen Umkreis ihrer Eigrube. Aufgrund der speziellen Lage der Legegebiete und insbesondere auch wegen der zum Schlupfzeitpunkt vorkommenden Herbst- und der folgenden Winter- und schließlich Frühjahrsregen herrscht in diesem Pflanzenfilz gerade in den ersten Wachstumsphasen der Jungtiere ein extrem feuchtes Mikroklima. In den Sommermonaten bildet sich aufgrund des hohen Tag-/Nacht-Temperaturgefälles in den Morgenstunden Tau, sodass der Boden feucht und die Pflanzenschicht sogar nass ist. Die Morgensonne trocknet die Nässe und die Luftfeuchtigkeit erhöht sich auf Werte von mehr als 80 Prozent. Die windgeschützte Senkenlage hält die Luftfeuchtigkeit wie in einer Glocke in den Büschen. Auch in den heißen Mittagsstunden ist in Bodennähe noch eine Luftfeuchtigkeit von mehr als 50 Prozent vorhanden. Die während der Trocknung entstehende Verdunstungskälte sorgt für ein feuchtwarmes Mikroklima, in dem sich die Schildkröten gesund entwickeln können, ohne im Sommer zu überhitzen oder auszutrocknen.

Testudo hermanni boettgeri, Albanien

Die Lebensweise

In dieser immer wieder überwucherten, niederen Pflanzenschicht führen die kleinen Schildkröten ein sehr verborgenes Leben. Unmittelbar über dem Boden bewegen sie sich in regelrechten Tunnelgängen und verlassen diese nur kurzfristig, um sich zu sonnen oder falls dort zu wenig Nahrung vorhanden ist. So sind junge Schildkröten nicht nur vor den meisten Fressfeinden geschützt, sondern bleiben auch von uns Menschen unbemerkt. Meist findet man eher zufällig nur einzelne Tiere, die sich gerade in diesem kurzen Moment zu weit aus der Deckung heraus gewagt haben. Das führt dann gerne dazu, dass bereits Schlüpflinge und Jungtiere zu Einzelgängern abgestempelt werden.

Das Gegenteil ist aber der Fall: junge europäische Landschildkröten treten in den intakten natürlichen Legegebieten immer in kleinen Gruppen auf. Dort ist die Individuendichte relativ hoch.

Schlüpflinge und Jungtiere leben in solchen oft relativ kleinen Grasflächen zwischen den Büschen. Wegen der fehlenden Beweidung ist das Gras ineinander verfilzt und bietet einen idealen Lebensraum mit einem feuchtwarmen Kleinklima. Die Tiere bewegen sich in dem Grasfilz in einem regelrechten Tunnelsystem.

Testudo hermanni boettgeri, Albanien

Testudo hermanni hermanni, Toskana

In den Jahren nach dem Schlupf ziehen die Jungtiere immer größere Kreise, bis sie schließlich im Alter von etwa sechs Jahren von den Senken in die umliegenden Regionen mit höherer Vegetation wandern.
Die Schildkröten sind nun semiadult, das heißt, ihr Geschlecht ist erkennbar, aber sie sind noch nicht geschlechtsreif. Auf dieser Wanderschaft können Schildkröten auch für sie unüblich große Strecken von mehreren Kilometern zurücklegen. Die Schildkröten suchen sich innerhalb eines der umliegenden Habitate einen angestammten Unterschlupf, um den herum sie dann ihr eigenes Streifgebiet einnehmen. Als semiadulte Tiere können sie sich problemlos in einen gewachsenen Schildkrötenverband einfügen und bis zur Geschlechtsreife unbehelligt heranwachsen. Die Weibchen werden später ohne große Beachtung in den adulten Verband integriert. Geschlechtsreife Männchen müssen sich im Frühjahr zur Festlegung einer neuen Rangfolge dem einen oder anderen Männchen aus der Nachbarschaft stellen oder sich zumindest vorläufig noch als Rangniederster einordnen.
Wie viele Schlüpflinge in der Ur-Macchia zu geschlechtsreifen Tieren heranwachsen, ohne dass sie den vielfältigen Gefahren zum Opfer fallen, kann nur grob geschätzt werden. Das ist auch stark von den Gegebenheiten in den einzelnen Lebensräumen abhängig, die sich zugleich auf die Populationsdynamik auswirken.
Sicherlich werden es jedoch nicht mehr als 10 Prozent sein. Auch von diesen 10 Prozent wird jedoch nur ein kleiner Bruchteil ein hohes Schildkrötenalter erreichen.
Zum Erhalt einer Population wäre es rein rechnerisch ausreichend, wenn jedes adulte Weibchen im Lauf seines langen Lebens nur zwei zeugungsfähige Nachkommen hinterließe. Ein dritter Nachkomme würde die bestehende Population bereits vergrößern.
Die starke Dezimierung der Jungtiere in der freien Wildbahn ist nichts anderes als die natürliche Auslese. Nur die stärksten Gene sollen sich reproduzieren.

Sichtbares Licht, Wärme und UV-Strahlung sind für Schildkröten lebenswichtige und nicht voneinander trennbare Grundelemente. In der Natur werden diese Energiestrahlen in ausreichender Intensität und Menge durch die Sonne zur Verfügung gestellt. Die Schildkröten haben im Lauf der Evolution ihren Lebensrhythmus vollkommen auf die Sonneneinstrahlung eingestellt.
Im Gegensatz zu künstlichen Lichtquellen sind im natürlichen Lichtspektrum alle Wellenlängen vorhanden. Das ist ein maßgeblicher Faktor zur Gesunderhaltung der Schildkröten. Das sichtbare Licht steigert vor allem die Aktivität und das Wohlbefinden, die Infrarotstrahlung sorgt für die erforderliche Wärmezufuhr und das ultraviolette Licht hauptsächlich für die Vitamin-D_3-Synthese zur Aufnahme von Kalzium im Körper.
Die an der Erdoberfläche auftreffende Strahlungsintensität ist stark vom Sonnenstand, von der Wetterlage und zusätzlich von dem durch Bewuchs geworfenen Schatten abhängig.

Das Licht

Als Licht wird der vom Menschen sichtbare kleine Bruchteil der gesamten elektromagnetischen Sonnenstrahlung bezeichnet. Mit der Netzhaut und der Haut des gesamten Körpers wird aber nicht nur der sichtbare Teil, sondern die ganze Bandbreite der Sonnenstrahlung aufgenommen und zur Steuerung der chemischen Abläufe im Körper weitergeleitet. Licht ist auch ein wichtiger biologischer Zeitgeber. Die biologische Uhr trägt zur Regelung der meisten Körperfunktionen wie Sexualtrieb, Hunger, Schlaf und Kältestarre bei. Licht steuert die Hormone, stimuliert Enzyme, pflegt das Immunsystem und bewirkt die Regeneration.
Während wir Menschen in einem Zimmer bereits 500 Lux als hell empfinden, sind Schildkröten bei bedecktem Himmel mit Werten von bis zu 20.000 Lux noch relativ inaktiv. Bei klarem Himmel habe ich am sonnenbeschienenen Boden im Habitat bis zu 129.000 Lux gemessen. Das ist für uns Menschen extrem grelles Licht.

Testudo marginata, Griechenland.

Die Wärme

Schildkröten müssen die Wärme aus ihrer Umgebung aufnehmen. Die Tiere verknüpfen grelles Licht automatisch mit Wärme und können über einen speziellen Photorezeptor der Netzhaut Wärmestrahlung sogar sehen. Die optimale Stoffwechseltemperatur der europäischen Landschildkröten liegt bei 35 °C. Die Schildkröten sind bestrebt, diesen Temperaturbereich den ganzen Tag über relativ konstant zu halten und wandern in den Übergangszeiten zur Thermoregulation immer wieder in die Sonne, um ihre Körpertemperatur zu erhöhen, oder in den Schatten, um nicht zu überhitzen.
Im Hochsommer erreichen die Schildkröten ihre Körpertemperatur bereits mithilfe der hohen Umgebungstemperatur, weshalb sie direkte Sonnenstrahlung weniger oder gar nicht mehr aufsuchen müssen.
Wenn die Körpertemperatur 10 °C unterschreitet, setzt die Kältestarre ein. Die Tiere sind starr und fast unfähig, sich zu bewegen. Der Stoffwechsel stagniert jedoch erst bei einer Körpertemperatur unter 8 °C.

Die UV-Strahlung

In der Natur ist eine wöchentliche UV-Bestrahlung von weniger als einer Stunde zur Vitamin-D_3-Synthese ausreichend.
UV-Strahlen werden von den Schildkröten über den gesamten Tag verteilt nicht gezielt, sondern eher zufällig aufgenommen.
Die Vitamin-D_3-Synthese wirkt nur über die durchblutete Haut. Diese Haut ist bei Schildkröten für die Sonne nur erreichbar am Hals, an den hinteren Extremitäten, am Schwanz und an den stark durchbluteten Nähten zwischen den Hornschuppen des Kopfes, an den vorderen Extremitäten und an den Nähten zwischen den Hornschilden des Panzers. Die Hornschuppen und Hornschilde selbst und damit die allergrößte Fläche der Schildkröte sind hier nicht beteiligt. Im Gegenteil stellt diese große Hornfläche sicher, dass die sonnenhungrigen Schildkröten keine gefährliche Überdosis an UV-Strahlung erhalten.
Die UV-Strahlung beginnt bei klarem Himmel kurz nach dem Sonnenaufgang zunächst von 0 ausgehend und steigt bis zum Maximalwert am frühen Nachmittag an, um kurz vor dem Sonnenuntergang wieder auf 0 abzusinken. Absolut vereinfacht ausgedrückt heißt das für unsere Schildkröten: sobald sichtbare Haut von der höher stehenden Sonne direkt bestahlt wird, findet die Vitamin-D_3-Synthese statt. Dass eine relativ geringe Dosis an UV-B-Strahlung ausreichend sein muss, zeigt auch, dass die UV-Bestrahlung auf die relativ kleine Hautfläche nicht gezielt, sondern eher zufällig stattfindet, weil diese in der Intensität von rein zufälligen Gegebenheiten stark beeinflusst wird. UV-B-Strahlung ist nicht in der Lage, Bäume und Buschwerk zu durchdringen.

Allgemeines

Artenschutz

Die europäischen Landschildkröten *Testudo hermanni, Testudo graeca* und *Testudo marginata* sind als streng geschützte Tierarten im höchsten nationalen und internationalen Schutzstatus eingestuft. Das bedeutet, dass die Herkunft der Schildkröten der zuständigen Naturschutzbehörde nachgewiesen und deren Haltung unverzüglich angezeigt werden muss.
Eine Abgabe streng geschützter Tierarten ist nur mit der gelben EU-Bescheinigung gestattet.
Nachzuchten dürfen von einem Züchter nur abgegeben werden, wenn der Käufer über eine artgerechte Unterbringung, Ausrüstung und die erforderlichen Praktiken für eine sorgsame Behandlung der Tiere ausreichend unterrichtet ist. Vom Verkäufer Ihrer Schildkröten sollten Sie für jedes Tier eine gelbe EU-Bescheinigung mit angeschlossenen ersten Lichtbildern erhalten.

Die Russische Landschildkröte, *Testudo (Agrionemys) horsfieldii* ist als besonders geschützte Art im Anhang B gelistet. Sie unterliegt damit den selben Meldepflichten wie die europäischen Landschild-

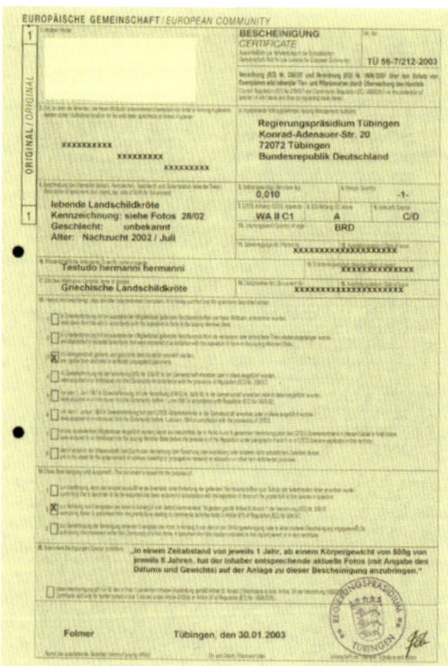
EUROPÄISCHE GEMEINSCHAFT / EUROPEAN COMMUNITY

ORIGINAL / ORIGINAL

BESCHEINIGUNG
CERTIFICATE

TÜ 56-7/212-2003

Regierungspräsidium Tübingen
Konrad-Adenauer-Str. 20
72072 Tübingen
Bundesrepublik Deutschland

xxxxxxxxxx
xxxxxxxxx
xxxxxxxxx

lebende Landschildkröte
Kennzeichnung: siehe Fotos 28/02
Geschlecht: unbekannt
Alter: Nachzucht 2002 / Juli

0,010 | -1-

WA II C1 | A | C/D

BRD

xxxxxxxxxxxxxxxxxxxx

Testudo hermanni hermanni | xxxxxxxxxxxxxx

Griechische Landschildkröte | xxxxxxxxxxxxxxxxxxxxxx

„In einem Zeitabstand von jeweils 1 Jahr, ab einem Körpergewicht von 500g von jeweils 5 Jahren, hat der Inhaber entsprechende aktuelle Fotos (mit Angabe des Datums und Gewichts) auf der Anlage zu dieser Bescheinigung anzubringen."

Folmer | Tübingen, den 30.01.2003

EU-Bescheinigung

Beiblatt mit Fotodokumentation

kröten. Eine EU-Bescheinigung oder Fotodokumentation ist jedoch nicht erforderlich, stattdessen ist in den meisten Bundesländern ein Herkunftsnachweis ausreichend.

Anmeldung

Die Anschrift der zuständigen Naturschutzbehörde erfahren Sie bei Ihrem Züchter oder der für Ihren Wohnort zuständigen Gemeindeverwaltung. Der Züchter muss, mit einem entsprechenden Formular die verkauften Tiere bei der Behörde abmelden und Sie als zukünftigen Halter benennen. Das für die Anmeldung Ihrer erworbenen Schildkröte notwendige Formular können Sie auf der Internetseite der zuständigen Behörde herunterladen. Hier erfahren Sie auch, ob Sie eine Kopie der EU-Bescheinigung vorlegen müssen oder ob die Angabe der Dokumentennummer genügt. Anzugeben ist unter anderem das Datum des Erwerbs, die Anschrift des Vorbesitzers und die Anschrift des neuen Besitzers.

Fotodokumentation

Für die Kennzeichnung des einzelnen Tieres ist eine fortlaufende Fotodokumentation erforderlich.
Auf der gelben EU-Bescheinigung ist vermerkt, in welchen Abständen aktuelle Fotos mit Datums- und Gewichtsangabe der Schildkröte als Anlage beizuheften sind. Diese Auflage wird von Behörde zu Behörde sehr unterschiedlich erteilt.
Die Dokumentation erfolgt mit formatfüllenden, scharfen 9 x 13 cm großen Farbfotos, jeweils des Rücken- und des Bauchpanzers. Nicht unbedingt das ganze Tier, lediglich der Panzer muss abgebildet sein, wobei es besonders darauf ankommt, dass die Schildnähte ohne Reflexionen deutlich erkennbar sind.
Die Tiere müssen sauber und trocken sein. Zur Größenerkennung ist ein Zentimetermaß anzulegen oder das auf meiner Homepage www.Testudo-Farm.de zum Download bereitgestellte karierte Zentimeterpapier als Unterlage zu verwenden.

Maurische und Griechische Landschildkröte im Vergleich.

Freilandanlage

Allgemeines

Ich stelle Ihnen hier die naturnahste Methode vor, europäische und Russische Landschildkröten in menschlicher Obhut aufzuziehen. Vielleicht weicht diese in manchen Punkten von der praktizierten Aufzucht ab, die Sie bei Ihrem Züchter gesehen und kennengelernt haben. Natürlich führen auch bei der Aufzucht von Schildkröten andere Wege zum Ziel. Wichtig ist die Beachtung der auf den Seiten 64/65 zusammengefassten Punkte. Ich selbst versuche bei der Haltung meiner Schildkröten möglichst wenig Kompromisse einzugehen.

Europäische und Russische Landschildkröten sind absolut licht- und wärmegesteuerte Reptilien und daher auf Dauer nur in einem gut strukturierten Freilandgehege mit integriertem Frühbeetkasten oder Gewächshaus gesund und weitgehend artgerecht zu halten.
Die Haltung in einem Zimmerterrarium ist absolut ungeeignet, weil hier weder die lebensnotwendige Lichtstärke und das Lichtspektrum der Sonne noch der für das gesunde Aufwachsen erforderliche relativ hohe Tag-/Nacht-Temperaturunterschied nachempfunden werden kann. Auch die zeitweise Terrarienhaltung in den „Übergangszeiten" ist problematisch. Es ist ebenso wenig sinnvoll, die Schildkröten bei Sonnenschein ins Freiland zu bringen und bei schlechtem Wetter ins Haus zu holen. Nicht nur die biologische Uhr benötigt den Tagesverlauf unter freiem Himmel, auch der Kreislauf der Schildkröten muss nachts zur Ruhe kommen, damit die Tiere nicht unnatürlich schnell zu Dampfaufzuchten heranwachsen. Solche Schildkröten sind aufgrund der ständigen Umstellung eher krankheitsanfällig. Das andauernde Hin und Her, das Herausreißen aus dem Lebensraum, ist für die Tiere mit Stress verbunden. Stress ist ein wesentlicher Auslöser vieler Krankheiten.
Die sehr aufwändige Haltung in einem Zimmerterrarium ist bei europäischen und auch bei Russischen Landschildkröten überhaupt nicht erforderlich und für die Gesundheit der Tiere eher nachteilig.
Auch junge Schildkröten können vom ersten Lebensjahr an im Freiland mit entsprechender Technik unter relativ natürlichen Bedingungen gehalten werden; allerdings noch nicht in einem normal strukturierten, größeren Freilandgehege, wie es später die älteren Tiere bewohnen sollten. Die Kleinen würden in einem großen Freilandgehege für uns regelrecht „verloren" gehen.

Dampfaufzucht

Als Dampfaufzuchten werden Schildkröten mit einer nicht ihrem Alter entsprechenden unnatürlichen Größe bezeichnet. Manche Schildkröten sind bereits mit zwei oder drei Jahren größer als adulte Tiere.
Der Grund für dieses unnatürliche Wachstum liegt an einer falschen Ernährung und unnatürlichen Haltungsbedingungen.

Die Knochenstruktur des Panzers ist bei unnatürlich schnell gewachsenen Schildkröten großporig und dadurch extrem dick ausgebildet. Hier ein bis 20 Millimeter starker Knochenpanzer einer viel zu jung gestorbenen „Dampfaufzucht". Beachten Sie die Größe der Leibeshöhle der beiden etwa gleich großen Panzer.

Gesund gewachsener Panzer mit einer Knochenplattenstärke von 3,5 Millimeter.

Oft werden Schildkröten aus Unwissenheit oder falsch verstandener Tierliebe, aber auch aus Gewinnsucht ganzjährig „wach" gehalten. Mit täglich zu lang brennender künstlicher Beleuchtung verlängert sich die Aktivphase, und die Schildkröten werden regelrecht gemästet.
Landschildkröten müssen die Möglichkeit haben, ihren Stoffwechsel durch Absenkung der Temperatur in der Nacht herunterzufahren. Diese nächtliche Ruhephase beginnt in der Natur bereits lange vor Einbruch der Dunkelheit und endet erst, wenn die Sonne bereits wieder am Himmel steht. Dampfaufzuchten müssen nicht notwendigerweise Höcker entwickeln.

Selbst wenn der Schildkrötenpanzer aufgrund einer genügenden Wasseraufnahme hoch gewölbt und verhältnismäßig glatt wächst, werden der Knochenpanzer und die Knochen bei Dampfaufzuchten auf jeden Fall porös und dick ausgebildet und die Schildkröte dauerhaft geschädigt.

Jungtiere sind von Natur aus darauf programmiert, sich möglichst wenig dem direktem Sonnenlicht auszusetzen und sich durch eine unauffällige Lebensweise vor Fressfeinden zu verbergen. Sie vermeiden deshalb grelles Licht und offene Stellen und leben sehr zurückgezogen in der schützenden Krautschicht auf relativ kleinem Raum.

Östliche Unterart der Griechischen Landschildkröte in der Krautschicht in einem Habitat im Norden Griechenlands.

Auch die Nachzuchten führen aus diesen Gründen noch ein sehr verstecktes Leben und kommen nur am Vormittag und Nachmittag aus ihren Verstecken heraus, wärmen sich auf, fressen und verstecken sich alsbald wieder. Ein ausführliches Sonnenbad findet bei Schlüpflingen und Einjährigen noch nicht statt.

Aufgrund der geringen Körpermasse erreichen die jungen Schildkröten ihre Stoffwechseltemperatur schon durch wenige warme Sonnenstrahlen und in den heißen Sommermonaten bereits durch die hohe Umgebungstemperatur, die bei uns im Frühbeet oder Gewächshaus erzeugt werden sollte. Ein längerer Aufenthalt im hellen und heißen Sonnenlicht würde die kleinen Tiere schnell überhitzen. Außerhalb des feuchten Mikroklimas der Krautschicht ist zudem die Gefahr der Austrocknung sehr groß. Dieses natürliche Mikroklima innerhalb der Pflanzenschicht kann bei uns mit einer feuchtwarm gehaltenen Lage Stroh in einem Frühbeet mit massivem Unterbau und ausreichend Massespeichern sehr effektiv nachempfunden werden. Schildkröten brauchen dieses schwülwarme Klima.

Junge Griechische Landschildkröten in der Heuschicht in einem Frühbeet.

Frühbeetkasten

Junge Schildkröten benötigen zunächst also weit weniger Platz als ihre älteren und wesentlich aktiveren Artgenossen. In den ersten Lebensjahren ist ein Frühbeetkasten mit einem kleinen Freilauf als Gehege daher geradezu ideal. Das kleine Freigehege sollte mit den Jahren immer wieder vergrößert werden und schließlich zu einem ausreichend großen Wildtiergehege heranwachsen. Bevor Sie sich an den Bau oder das Aufstellen eines Frühbeetes machen, sollten Sie wissen, ob Sie Ihre Schildkröten auch im Frühbeetkasten überwintern wollen. Wenn Sie sich für diese natürliche und daher für die Schildkröten artgerechteste Überwinterungsmethode entscheiden, müssen Sie den Boden unter dem Frühbeet entsprechend tief aufbereiten.

Es gibt eine ganze Reihe Möglichkeiten, um eine geeignete Frühbeetanlage herzustellen. Wichtig sind eine gute Isolierung und Einbauten zur Wärmespeicherung und -pufferung. Zudem ist für eine Entwicklung des für Jungtiere lebensnotwendigen Mikroklimas ein massiver Unterbau und eine Innenhöhe von mindestens 80 Zentimetern notwendig.

Grundsätzlich sollte das Frühbeet die sonnigste Stelle im Garten erhalten, wobei Morgensonne am wichtigsten ist.

Für Stromanschlüsse über einen FI-Schalter und das Verlegen eines Erdkabels sollten Sie schon vor dem Bau der Anlage Sorge tragen. Entsprechend dem Grundriss des Frühbeetes muss der Boden bei einer Überwinterung der Schildkröten im Frühbeetkasten bis zur Frosttiefe ausgehoben werden. Je nach Wohnort sind das mindestens 60 bis 100 Zentimeter.

Ansonsten reicht bei Jungtieren eine Grubentiefe von etwa 30 Zentimeter aus. Auf den eingeebneten Grund ist das Einbringen einer Drainage extrem wichtig. Die Höhe dieser Drainage richtet sich nach der Wasserdurchlässigkeit des Untergrunds. Bei kiesigem, sandigem Boden genügt eine Kieslage von wenigen Zentimetern, bei Lehmböden sind 50 Zentimeter bei entsprechend tiefer ausgehobener Grube oder sogar an die Kanalisation angeschlossene Drainageschläuche durchaus erforderlich. Bei einem starken Regen, insbesondere auch in den Wintermonaten, darf die Überwinterungsgrube auf keinen Fall unter Wasser stehen.

In der Größe des Grundrisses können nun Betonsteine aufgeschichtet, gemauert oder mit einer Schalung die Überwinterungsgrube ausbetoniert werden. Hier sind Ihrem Ideenreichtum und Ihren Möglichkeiten keine Grenzen gesetzt. Sie sollten jedoch nicht nur für die Wintermonate eine gute Isolierung einbringen.

Auf der Außenseite sind deshalb Styrodurplatten von 30 Millimeter Stärke von Vorteil. Die Überwinterungsgrube schützt die Schildkröten vor Frost, verhindert ein Ausgraben und dient als Fundament und Unterbau für das Frühbeet. Der Beton- oder Steinunterbau trägt mithilfe der Wärmeaufnahme und Speicherung auch maßgeblich zu einem ausgeglichenen Klima bei und ist daher für die Gesundheit der Tiere wichtig. Ein Unterbau aus Stegplatten, wie er neuerdings von Herstellern angeboten wird, ist daher absolut ungeeignet. Das hierdurch zusätzlich einfallende Licht ist den Schildkröten aus den bereits genannten Gründen unangenehm, weshalb sie sich ständig im Erdreich eingraben. Nur mit einem undurchsichtigen, massiven Unterbau ist es möglich, auch in dem relativ kleinen Frühbeetkasten verschiedene Temperaturzonen zu schaffen. Insbesondere sind auch kühlere Zonen und verschiedene Lichtbereiche für den Rückzug der Tiere wichtig.

Vergessen Sie nicht, entsprechende Aussparungen für die späteren Ein- und Ausgänge der Schildkröten vorzusehen.

Zur besseren Wärmeisolierung kommen nur Thermo-Frühbeetkästen mit 16 Millimeter starken UV-durchlässigen Stegdoppelplatten (Plexiglas) in Frage.

Es gibt Hersteller, die Frühbeete speziell für die Haltung von Schildkröten in verschiedenen Preisklassen anbieten. Seit Jahrzehnten haben sich unter Schildkrötenzüchtern und Liebhabern die Frühbeete der Firma Beckmann in Wangen im Allgäu bewährt. Nicht zuletzt auch, weil bei der Entwicklung Wünsche von Schildkrötenzüchtern mit berücksichtigt wurden.

Natürlich können Sie den Aufbau auf das gemauerte Fundament aus entsprechenden Stegdoppelplatten auch selbst anfertigen. Allerdings belaufen sich die reinen Materialkosten bereits auf mindestens 250 Euro, sodass das Preis-Leistungs-Verhältnis bei Beckmann mit derzeit 315 Euro für das Schildkrötenhaus Größe 1 unschlagbar ist.

Wichtig sind im Frühbeet weitere Wärmespeicher und Puffermöglichkeiten der Sonnenwärme, welche zusätzlich auch einer Überhitzung entgegenwirken. Gut eignen sich massive Steine, aber auch Wasserbehälter.

Die größere Oberfläche mehrerer kleinerer Steine oder Wasserbehälter sorgt für eine schnellere und höhere Wärmespeicherung. Mithilfe weiterer offener Wasserbehälter erreichen Sie nicht nur eine Wärmespeicherung, sondern zugleich auch die sehr wichtige hohe Luftfeuchtigkeit.

Der Boden im Frühbeetkasten besteht am zweckmäßigsten aus ungedüngter Gartenerde, der je nach

Beschaffenheit auch etwas Flusssand und großzügig Buchenlaub beigemischt werden sollte. Das Laub hält den Boden lange Zeit locker, grabfähig und trägt zur besseren Isolierung bei. Alle anderen Substrate halte ich nicht nur wegen eventueller Schimmelbildung für ungeeignet. Der Boden muss ständig leicht feucht gehalten werden. Auch hierfür sind Erde und Buchenlaub am besten geeignet, weil sie die Feuchtigkeit gut halten und nicht schimmeln. Man gießt das temperierte Wasser einfach mit der Gießkanne in das Frühbeet und das Gehege. Das Besprühen mit einem Zerstäuber erhöht zwar kurzfristig die Luftfeuchtigkeit, durchfeuchtet den Boden jedoch nicht. Oberflächlich darf der Boden abtrocknen. Ein regelmäßiges Übersprühen und Gießen des gesamten Frühbeetkastens ist äußerst wichtig, nicht nur, weil es für die Tiere einen immer willkommenen Sommerregen imitiert. Hierdurch wird insbesondere

Der ideale grabfähige Boden für den Frühbeetkasten und die Überwinterungskiste besteht aus lockerer ungedüngter Gartenerde mit reichlich Buchenlaub.

Russische Landschildkröte in einem halbierten Blumentopf.

die ideale Luftfeuchtigkeit erreicht und bei Schildkröten ein natürlicher Reiz zum Trinken ausgelöst. Das Bodensubstrat wird von den Schildkröten versehentlich auch mit dem Futter aufgenommen oder manchmal bei Kalziummangel regelrecht gefressen. Bei ungeeignetem Substrat kann ein Darmverschluss die Folge sein oder bei Buchenholzspänen, welche auch heute noch als Einstreu empfohlen werden, sogar die Magenwand durchstoßen werden. Leider sind hier bereits Todesfälle bekannt geworden.

Als Unterschlupf kann alles dienen, worunter sich die kleinen Schildkröten im Dunkeln verstecken und eingraben können: halbierte Blumentöpfe oder Korkrinde genauso wie eine dicke Schicht Stroh. Es bleibt allein unserem Geschmack überlassen. Den Schildkröten ist es egal, sie nehmen jeden Unterschlupf sofort an, weil sie sich in engen, dunklen Verstecken, in denen der Panzer Berührung hat, sicher fühlen.

Am zweckmäßigsten ist eine selbst gezimmerte einfache Holzabdeckung mit einer Moosfüllung.

Bei Schlüpflingen und Jungtieren sollten Sie die gesamte Fläche des Frühbeetes mit einer mindestens 20 cm hohen Strohschicht bedecken. Zum einen brauchen die kleinen Schildkröten dieses relativ feuchte Mikroklima, welches sich im Stroh bildet, zum anderen können sich die Schildkröten, wenn sie einmal auf den Rücken gefallen sind, problemlos selbst wieder umdrehen. Die Tiere fühlen sich in dem lichtgedämpften Dickicht auch wohler und müssen sich nicht den ganzen Tag in ihrem dunklen Unterschlupf verbergen.

Mediterrane Kücherkräuter sind ideale Gehegepflanzen.

Das Stroh muss wegen der Schimmelbildung in dem feuchten Klima öfters aufgelockert, gewendet und notfalls ausgewechselt werden.

Eine Bepflanzung des Frühbeetkastens mit niederen Büschen verbessert nicht nur das Raumklima, auch die Schildkröten fühlen sich im Schutz der Pflanzen sicher. Sehr gut geeignet sind hier alle mediterranen Küchenkräuter wie Bohnenkraut, Lavendel, Majoran, Melisse, Minze, Oregano, Rosmarin, Salbei, Thymian oder Zwergcurrykraut, aber auch verschiedene Zwerggräser. Diese Pflanzen werden in der Regel nicht gefressen und sind günstig in jedem Einkaufszentrum erhältlich.

Auch bei Schlüpflingen sollten Sie an den Frühbeetkasten bereits ein

Eine Strohschicht im Frühbeetkasten ist nicht nur für das feuchte Mikroklima wichtig.

kleineres Freigehege anschließen, damit die Tiere jederzeit ins Freiland können, um andere Temperaturbereiche aufzusuchen.
Bis zu einem Alter von etwa fünf Jahren ist der Radius, den die Schildkröten in einem gut strukturierten Gehege begehen, noch relativ klein. Erst wenn die Schildkröten semiadult (halberwachsen, Geschlecht erkennbar, aber noch nicht geschlechtsreif) sind, beginnen sie, ein größeres Areal zu erschließen. Das Gehege sollte später auch für eine einzelne Schildkröte nicht kleiner als 20 Quadratmeter sein. Für mehrere älterer Schildkröten sind 30 Quadratmeter das absolute Minimum. Je größer desto besser! Auch das zunächst noch kleine Freigehege sollten Sie mit niederen Büschen wie die genannten Küchenkräuter und zusätzlich mit verschiedenen andernorts ausgestochenen oder angesäten Futterpflanzen ausstatten.

Im Frühjahr darf die Umgebungstemperatur im Frühbeet nachts nicht mehr unter 8 °C fallen. Hierzu ist eine Heizung erforderlich. Am einfachsten wird dies über einen so genannten Dunkelstrahler (Elsteinstrahler) erreicht. Zur besseren Kontrolle sollte der Dunkelstrahler über eine Thermozeitschaltuhr geschaltet werden. Die Zeitschaltuhr ist so einzustellen, dass die Nachttemperatur im März nicht mehr unter 8 °C, im April nicht unter 10 °C und von Mai an nicht unter 12 °C sinkt.

Ein gut strukturiertes Gehege mit mediterranen Kräutern und Futterpflanzen. Durch die eingestreuten Steine, die Einfriedung mit Steinplatten und die windgeschützte vollsonnige Lage entsteht eine Wärmeinsel innerhalb des Gartens.

Eine Bodenheizung ist für Schildkröten ungeeignet. Nicht nur, weil sie unnatürlich ist, den Boden austrocknet und die grabenden Tiere sich verletzen könnten, sondern auch, weil sie am Bauchpanzer einen gefährlichen Wärmestau entstehen lässt.

Auch tagsüber sind die Temperaturen nicht immer schildkrötengerecht. Als reine Umgebungstemperatur genügen zwar um die 20 °C, aber eben nur als „Schattentemperatur", das heißt, die Schildkröten müssen tagsüber jederzeit die Möglichkeit haben, sich unter einer hellen Wärmequelle auf ihre Vorzugstemperatur aufwärmen zu können. Hierzu ist es erforderlich, im Frühbeetkasten oder im Gewächshaus eine warme Lichtquelle einzusetzen. Direkt im Zentrum unter dem Licht sollte eine Temperatur von bis zu 45 °C erreicht werden.

Halogenstrahler aus dem Baumarkt im Jungtiergehege im Gewächshaus. Die Tiere müssen sich ihre Temperatur jederzeit selbst wählen können!

PAR-38-Strahler Flood 120 Watt im Frühbeetkasten an einem trüben Regentag.

Die Schildkröten können sich nur dann die für sie angenehme Temperatur auswählen und sich zudem wie unter der heißen Sonne auch relativ schnell aufwärmen. Beträgt die Strahlungstemperatur nur 35 °C oder weniger, muss sich die Schildkröte viel zu lange oder ständig unter der Lampe aufhalten, um ihre Stoffwechseltemperatur von 35 °C erreichen zu können! Als Strahlungswärme eignen sich praktisch alle Leuchtmittel, die Wärme abgeben. Bewährt haben sich Halogenstrahler mit 150, 200 und 300 Watt und PAR-38-Strahler mit 80 und 120 Watt. Die Strahler mit der Bezeichnung Flood haben einen Abstrahlungswinkel von 30° und sind daher besser geeignet als jene mit der Bezeichnung Spot mit einem Winkel von nur 12°.

Die Lichtstärke und das Lichtspektrum können hierbei zumindest im Hochsommer vernachlässigt werden. Die Tiere sind ja im Freien und können jeden Sonnenstrahl ausnutzen. Allerdings darf der Lichtbedarf auch nicht unterschätzt werden. Die Tiere brauchen wirklich sehr helles Licht, um ihre volle Aktivität zu entwickeln! Im Mittelmeerraum ist die Sonne aufgrund des steileren Einstrahlungswinkels erheblich heller.

Die Halogenstrahler und auch die PAR-38-Strahler sind nur als Wärmequelle bei hellem Tageslicht geeignet. In den Übergangszeiten ist das Licht viel zu gering. Bei bedecktem Himmel reicht in unseren Breitengraden die Lichtstärke bei Weitem nicht mehr aus, um den Biorhythmus der Schildkröten aktiv zu halten. Aus diesem Grund kann es auch im Frühbeet im März/April und wieder von Mitte September an notwendig werden, zumindest an bedeckten Tagen helles, sonnenähnliches Licht in Form von HQI-Strahlern zuzuschalten.

Der Ausgang zum Freigehege sollte tagsüber geöffnet sein, sodass sich die Tiere das Klima selbst auswählen können.

Wichtig ist ein Gitter zum Schutz vor Nagetieren und Vögeln.

Körpertemperatur und Strahlungswärme

Die von mir über viele Jahre hinweg in den Ursprungslebensräumen gemessene Körpertemperatur von aktiv auf Weidegang befindlichen europäischen Landschildkröten beträgt 35 °C. Um diese für alle Lebensvorgänge wichtige Stoffwechseltemperatur in möglichst kurzer Zeit erreichen zu können, müssen die bei uns gehaltenen Schildkröten jederzeit die Möglichkeit haben, Sonnenstrahlung oder die Strahlungswärme einer Lampe aufzusuchen. Die auf den Panzer auftreffende Strahlungstemperatur muss verständlicherweise hierzu wesentlich höher als die zu erreichende Stoffwechseltemperatur sein. Messen Sie die Strahlungstemperatur im Zentrum unter dem Lichtstrahler mit dem Außenfühler eines Digitalthermometers etwa auf Panzerhöhe und stellen diese durch höher/tiefer hängen der Lampe so ein, dass sie etwa 45 °C beträgt. Messfehler oder Abweichungen von wenigen Grad können hierbei absolut vernachlässigt werden. Auch wenn die Strahlungstemperatur letztlich im Zentrum des Lichtes 50 °C beträgt, hält sich die Schildkröte nur solange im für sie angenehmen Strahlungsbereich auf, bis die Stoffwechseltemperatur erreicht ist. Wichtig ist, dass die Tiere immer die Möglichkeit haben müssen, sich die Strahlungstemperatur selbst auszuwählen und diese auch vollständig zu verlassen. Wenn die Temperatur, wie leider in letzter Zeit immer wieder empfohlen, nur 35 °C oder weniger beträgt, müssen die Schildkröten unnatürlich lange Zeit unter der Lampe verbringen oder erreichen im schlechtesten Fall ihre Stoffwechseltemperatur gar nicht.

Eine Beschattung des Frühbeets oder des Gewächshauses mit aufgelegten Matten, Jalousien, Rollos oder ähnlichem nimmt den Tieren nur das in unseren Breitengraden ohnehin zu geringe Licht. Dank des hohen Unterbaus des dunklen Unterschlupfs, der Bepflanzung und des Stroheinstreus sind auch in einem Frühbeetkasten verschiedene Temperaturbereiche vorhanden.

Gewächshaus

Schildkrötengewächshaus aus Isolierglas.

Gewächshaus aus Stegdoppelplatten.

Optimal für die Haltung von Landschildkröten ist ein mehr oder weniger großes Gewächshaus. Dies liegt nicht nur an der besseren Wärmespeicherung, sondern auch an der Begehbarkeit, dank derer man die Tiere selbst während einer Schlechtwetterperiode beobachten und pflegen kann.

An kalten verregneten Tagen sitze ich gern in meinem Schildkrötenhaus und beobachte bei angenehmen Innentemperaturen meine Tiere beim „Sonnen“ und Fressen. Wegen der besseren Isolierung sind auch hier entsprechende Stegdoppelplatten oder Isolierglas von entscheidendem Vorteil.

Natürlich muss auch im Gewächshaus für Strahlungswärme in Form von Lampen gesorgt werden.

Bei entsprechenden Fundamenten können die Schildkröten das ganze Jahr über im „Freien“ gehalten werden und sich selbstständig in ihren gewohnten Unterschlupf zur Kältestarre eingraben. Eine Kontrolle ist auch im Winter jederzeit möglich. Allerdings habe ich meine Tiere im Winter noch nie ausgegraben und gewogen. Bei einer naturnahen Haltung ist eine solche Störung der Schildkröten sicher nicht erforderlich.

Die Innenfläche kann hügelig angelegt, mit mediterranen Büschen bepflanzt und mit vielen verschieden großen Kalksteinen unterbrochen werden.

Im Gewächshaus können nicht winterharte südliche Pflanzen direkt in den Boden gepflanzt werden und dort ganzjährig gedeihen.

Blick durch die Fensterfront in mein Schildkrötenhaus. In Bildmitte links ist der Durchgang für die jungen Schildkröten in den kleinen Außenbereich zu sehen.

Das etwa 20 Quadratmeter große Innengehege wird an trüben Tagen mit einem 400 Watt HQI-Fluter beleuchtet. Über dem Innengehege für die Jungtiere, links im Bild, sorgt ein 150 Watt HQI-Strahler für die notwenige Wärme und Beleuchtung. Zusätzlich liefern drei weitere 300 Watt Halogenstrahler die lebensnotwendige hohe Strahlungswärme.

Bau einer Frühbeetanlage

Lichtundurchlässige, massive Unterbauten sorgen nicht nur für ein ausgeglichenes Klima mit verschiedenen Temperatur- und Lichtbereichen, sondern zusammen mit weiteren Massespeichern auch für die Erzeugung des lebensnotwendigen feuchtwarmen Mikroklimas.

Nachfolgend zeige ich Ihnen Schritt für Schritt in Text und Bild den Bau einer optimalen Frühbeetanlage für eine Gruppe junger Schildkröten. Natürlich gibt es auch hier andere Möglichkeiten. Das Internet bietet ebenfalls Vorschläge und Anregungen. Was leider immer noch viel zu wenig oder gar nicht beachtet wird und selbst in Büchern zum Thema Gehegebau keine Berücksichtigung findet, sind Massespeicher (Seite 36) mit möglichst großer Oberfläche zur Erzeugung des lebensnotwendigen feuchten Mikroklimas.

Sie brauchen keine teuren Frühbeetkombinationen mit durchsichtigen Unter- und Anbauten. Das Frühbeet selbst benötigt auch keine Tür, sondern sollte möglichst hoch sein. Gerade für junge Schildkröten sind diese lichtdurchlässigen Unterbauten extrem irritierend, weil sie aus den bereits genannten Gründen darauf programmiert sind, helles Licht zu meiden. Sie fühlen sich nur in schattigen Bereichen sicher. Auch können sich nur in einem lichtundurchlässigen Unterbau die notwendigen und verschiedenen Licht- und Temperaturbereiche einstellen. Im unteren Bereich auf Schildkrötenhöhe werden so auch an heißen Tagen keine gefährlich hohen Temperaturen erreicht. Die volle Sonneneinstrahlung auf die gesamte Bodenfläche des Frühbeets, wie es ebenfalls empfohlen wird, sollte auf jeden Fall vermieden werden.

Massespeicher puffern die Strahlungswärme der Sonne und geben diese zeitverzögert an die Luft im Frühbeet wieder ab. Ohne diesen Puffer würde sich das Frühbeet im oberen Bereich zu schnell zu stark erhitzen. Hier können Sie zwar entgegenwirken, indem Sie per Hand oder mittels automatischem Lüfter öffnen. Dann wird jedoch das für Schildkröten lebenswichtige Mikroklima nicht erreicht! Das Frühbeet sollte sich also möglichst spät oder gar nicht öffnen und das feuchtwarme Klima, wie in der Natur, lange im Raum halten. Auf Schildkrötenhöhe sind an Sonnentagen Temperaturen von 35 °C kein Problem. In den schattigen Bereichen zwischen den Pflanzen und in der Schutzhütte ist es kühler, auch können die Tiere den Tag im Außengehege verbringen. Der speziell für Schildkrötenfrühbeete entwickelte automatische Fensterheber der Firma Beckmann hat einen einstellbaren Arbeitsbereich von 27 °C bis 40 °C und ist daher bestens geeignet. Justieren Sie diesen so, dass er erst bei maximaler Temperatur öffnet.

Die immer wieder empfohlene Beschattung von Frühbeet oder Gewächshaus ist für die stark lichtgesteuerten Schildkröten aus vielen Gründen unsinnig.

Das Frühbeet sollte eine sehr gut isolierende Verglasung mit 16 Millimeter starken, hochtransparenten, UV-durchlässigen Plexiglas-Stegdoppelplatten besitzen und relativ hoch sein. Weitere Kriterien sind für mich glatte Aluminiumprofile ohne störende Rillen und zusätzliche Dichtungsprofile, in denen sich Algen absetzen und die schwer sauber zu halten sind. Außerdem waren mir kantige Metallecken für meinen Enkel Luca, der immer vorn mit dabei sein will, viel zu gefährlich.

Aus diesem Grund kam für mich als einziges Frühbeet das durchdacht konstruierte „Beckmann Schildkrötenhaus Größe 1“ ohne Tür in Frage. Es ist das einzige Frühbeet mit glatten Aluminiumprofilen und abgerundeten Kunststoffecken. Auch die vordere Höhe von 50 und die hintere Höhe von 61 Zentimetern ist bei keinem anderen Hersteller auch nur annähernd zu bekommen. Dass selbst der Preis des Beckmann Schildkrötenfrühbeets sehr deutlich unter dem anderer Hersteller bleibt, liegt sicherlich maßgeblich an der 40-jährigen Erfahrung des bedeutendsten Herstellers von Kleingewächshäusern in Deutschland.

Im Frühbeet eingebaute Massespeicher: 140 Kilogramm rot gefärbter Betonstein mit einer Oberfläche von 3,1 Quadratmeter und einem Speichervolumen von 57 Litern, 8 Meter schwarzer Folienschlauch und zwei schwarze Wassereimer mit insgesamt 55 Liter Wasser, einer Oberfläche von 2,4 Quadratmeter und einer freien Wasserfläche zur Verdunstung von 600 Quadratzentimeter.

Dank der im Frühbeetunterbau eingebauten Granitplatten ist ein zusätzlicher Massespeicher mit einem Gewicht von 130 Kiliogramm, einer Oberfläche von 1,5 Quadratmeter und einem zusätzlichen Speichervolumen von 50 Litern entstanden.
Das ergibt einen Massespeicher mit insgesamt 325 kg Gewicht, einem Volumen von 162 Litern und einer Oberfläche von 7 Quadratmeter.

Schritt für Schritt Bauanleitung

Ist der richtige Platz mit genügend Morgensonne in windgeschützter Lage ausgewählt, wird die Größe der Grube mit einem Schnurgerüst abgesteckt. Für die Betonschalung ist ein kleiner Arbeitsraum von einigen Zentimetern zu den Außenmaßen des Frühbeets hinzugeben.

Die Grube wird in entsprechender Tiefe ausgehoben. Bei mir am Bodensee und dem dort eher kiesigen, wasserdurchlässigen Untergrund genügen als Aushubtiefe 80 Zentimeter einschließlich 20 Zentimeter für die Kiesdrainage.

Nachdem die äußeren Schalungstafeln in der Höhe des späteren etwa 30 Zentimeter hohen Unterbaus aus der Erde herausragend in die Grube eingebracht worden sind, habe ich innen 30 Millimeter starke Styrodurplatten eingestellt. Zuvor wurden von außen in das Styrodur größere Schrauben eingedreht, sodass die Gewinde später im Beton Halt finden. Zusätzlich geht die thermisch geprägte Oberfläche der Platten mit dem Beton eine ausgezeichnete Haftverbindung ein.

Die Innenschalung ist mit einem Abstand von etwa 6 Zentimetern zu den Styrodurplatten eingebracht und mit Abstandhölzern und Schraubzwingen gegen ein Verrutschen gesichert. Das ist wichtig, weil der später in die Schalung gefüllte Beton die Schalung sonst auseinanderdrücken würde. Die Schalung wird nochmals mit der Wasserwaage ausgerichtet.

In die Schalung wurde ein passendes Holzstück in der Größe 20 x 15 Zentimeter für den späteren Durchgang der Schildkröten eingeschraubt.

Den Beton relativ dünnflüssig in die Schalung gießen und mit einem Stück Dachlatte durch Stochern verdichten. Beton gibt es in Baumärkten fertig als Sackware, sodass in einer Betonwanne nur noch Wasser beigemischt werden muss.

Nach etwa 48 Stunden hat der Beton soweit abgebunden, dass die Schalung vorsichtig entfernt werden kann. Die nun fest mit dem Betonkern verbundenen Styrodurplatten sind gut zu erkennen.

Das im Beton eingeschlossene Holz vorsichtig herausklopfen ...

... und der Durchgang für die Schildkröten ist fertig.

Die Drainage aus 16/32 Millimeter Kies ist in der erforderlichen Höhe eingebracht. Vor dem Befüllen mit Erde sollte die Kiesdrainage mit einem Vlies zum Schutz vor Vermischung mit dem Erdreich abgedeckt werden.

Nun wird die Grube mit einer lockeren Erdmischung aufgefüllt. Auch hierfür eignet sich Gartenerde, der je nach Lehmanteil Flusssand beigemischt werden kann, am besten. Die Erde bleibt mit reichlich Buchenlaub vermischt locker und speichert Feuchtigkeit gut.

Von innen habe ich den Beton im Bereich des aus dem Boden herausragenden Unterbaus mit 30 Millimeter starken Granitplatten verkleidet.

Die aus dem Boden herausragenden Styrodurplatten wurden mit Zementputz versehen. Die Wandung des Unterbaus ist nun 15 Zentimeter stark und wärmespeichernd gedämmt.

Das angrenzende kleine Freigehege ist wegen der wichtigen Wärmespeicherung ebenfalls mit massiven Granitrandsteinen eingefasst. Der Boden im Freigehege besteht aus Gartenerde, in die ich reichlich Kalksteinbruch eingebracht habe.

Bepflanzt ist das Freigehege mit mediterranen Küchenkräutern und Futterpflanzen wie Ferkelkraut, Fingerkraut, Franzosenkraut, Gänsedisteln, Habichtskraut, Hirtentäschel, Klee, Löwenzahn, Miere, Mohn, Pippau, Taubnessel, Wegerich, Wegwarte und Wilde Erdbeere.

Das Beckmann Alltop-Schildkrötenfrühbeet Größe 1 habe ich auf ein Dichtband gestellt und mit Winkeln auf dem Fundament befestigt. Das Frühbeet ist hochtransparent und besticht durch seine herausragende Höhe, die glatten Aluprofile und die abgerundeten Kunststoffecken.

Das Grundgerüst des Massespeichers besteht aus 25 Zentimeter Betonrabattenplatten, die ich auf den Unterbau und zusätzlich unterlegte Palisadenbordsteine gelegt habe.

Für die Grundfeuchtigkeit stehen zwischen den Platten zwei schwarze Eimer mit Wasser. Der verbleibende Raum dazwischen ist mit 11 Betonsteinen, die mit einer 15 Millimeter breiten Fuge zueinander gestellt sind, ausgefüllt.

Auf der oberen Rabattenplatte stehen nochmals 9 Betonsteine mit größeren Zwischenräumen. Dahinter liegen 5 schwarze Wasserschläuche und auf dem unteren Rand des Betonsockels liegt flächig ein weiterer Wasserschlauch.
Ein Holzhaus als Unterschlupf und Pflanzen sind ebenfalls bereits eingebracht.

Das fertig eingerichtete Frühbeet mit PAR-38-Strahler links und Dunkelstrahler mit Schutzschirm und jeweils Keramikfassung, Wasserschüssel und einer 20 Zentimeter hohen Strohschicht.

Am oberen Aluprofil habe ich jeweils links und rechts im hinteren Bereich 25 Zentimeter lange Aluwinkel mit Blechschrauben befestigt - siehe auch S. 42 unten - und darauf ein Vierkant-Aluprofil zur Befestigung der Strahler gelegt. Das Vierkantprofil ist auf dem Winkel verschiebbar.

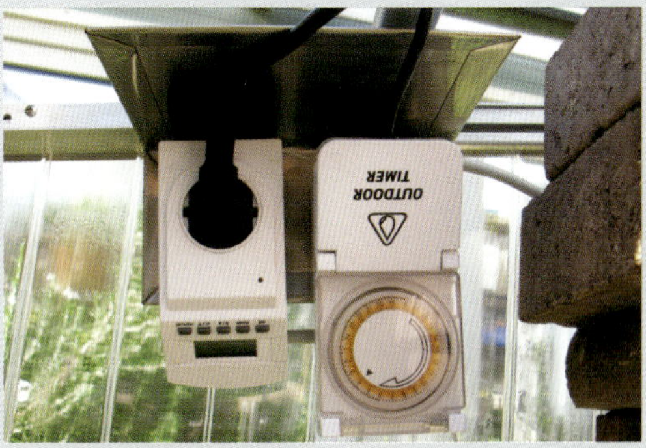

Unter dem Winkelprofil ist mit Blechschrauben ein speziell gefertigtes Blechdach geschraubt, unter dem sich Feuchtraumsteckdosen mit Thermotimer und einer Outdoor-Zeitschaltuhr befinden. Auf dem Bild links ist das Blechdach von oben zu sehen.

Als dunkler Unterschlupf dient ein Holzhaus ohne Boden und Rückwand. Das Haus ist vollflächig mit feuchtem Sphagnum-Moos gefüllt. Unter dem Haus könnten sich die Schildkröten beliebig tief eingraben. Sie sitzen jedoch meist zwischen dem Moos oder direkt unter dem Dach.

Ein überlappender Lammellenvorhang als Schutz vor Zugluft lässt sich aus durchsichtigem PVC leicht selbst schneiden und zwischen zwei zurecht gesägte Aluflachprofile aus dem Baumarkt geklemmt vor dem Durchgang des Frühbeetunterbaus anschrauben.

Die fertige Anlage. Im Frühbeet herrscht ein feuchtwarmes Mikroklima mit verschiedenen Temperatur- und Lichtbereichen. Niemand würde vermuten, dass sich in diesem Frühbeet mit einem Luftraum von weniger als einem Kubikmeter ein Massespeicher mit 325 Kilogramm Gewicht, einem Volumen von 162 Litern und einer Oberfläche von 7 Quadratmetern befindet.
Gut erkennbar ist der auf dem inneren Rand des Betonsockels liegende schwarze Solar-Wasserschlauch.

Die Schildkröten können jederzeit in das angeschlossene kleine Freigehege. Zum Schutz gegen Feinde aller Art wurde aus Dachlatten und Hasengitter ein Käfig gebaut. Oben befindet sich über die gesamte Breite eine Klappe.
Durch die eingestreuten Steine, die massive Granitsteinmauer und die windgeschützte vollsonnige Lage entstand auch hier eine Wärmeinsel in der sich das für die Tiere wichtige Kleinklima an sonnigen Tagen auch außerhalb des Frühbeetes entwickeln kann.
Mein 2-jähriger Enkel Luca interessiert sich sehr für meine Schildkröten und kennt die Alttiere bereits alle beim Namen.

Materialkostenaufstellung Frühbeetanlage:

Pressspanplatten für die Schalung	37,00 €
Dachlatten für Schalung und Schutzkäfig Freigehege, Hasendraht	35,00 €
Fertigbeton, Zementputz	ca. 50,00 €
Styrodurplatten	48,00 €
Granitsteinplatten	45,00 €
Granitrandsteine	50,00 €
Drainagekies, Kalksteinbruch	ca. 10,00 €
Gartenerde/Buchenlaub	00,00 €
10 Küchenkräuter	ca. 25,00 €
Frühbeet	314,95 €
Spezial Fensterheber	49,95 €
Erdkabel, Steckdosen, Kleinteile	ca. 35,00 €
Thermotimer, Outdoor Zeitschaltuhr	31,00 €
PAR-38-Strahler	ca. 6,00 €
Elsteinstrahler 100 Watt	ca. 20,00 €
Keramikfassungen, Schutzkorb	ca. 20,00 €
Funkwetterstation, 2 Digitalthermometer	ca. 35,00 €
Kleinteile	ca. 15,00 €
Massespeicher, Betonsteine, Solarschläuche, Eimer	ca. 55,00 €
Fichtenholz für Schutzhaus	ca. 5,00 €
Sphagnum-Moos, Stroh, Wasserschale	ca. 20,00 €
Frostschutzkabel	ca. 35,00 €
HQI-Strahler, 70 Watt	ca. 280,00 €

Gesamtkosten Material..................................ca. 1220,00 €

Das in der Terraristik bewährte Sphagnum- und Forest-Moos ist ideal für den feuchten Unterschlupf von Jungtieren. Das getrocknete oder gepresste Moos quillt in einem Eimer mit Wasser auf und hält die Feuchtigkeit für längere Zeit.

Buchenlaub ist hat sich am besten bewährt. Es verrottet nur langsam und eignet sich auch hervorragend zum Aufbereiten von Böden.

Kalksteinbruch in der Körnung 0 (Staub) bis 16 mm.

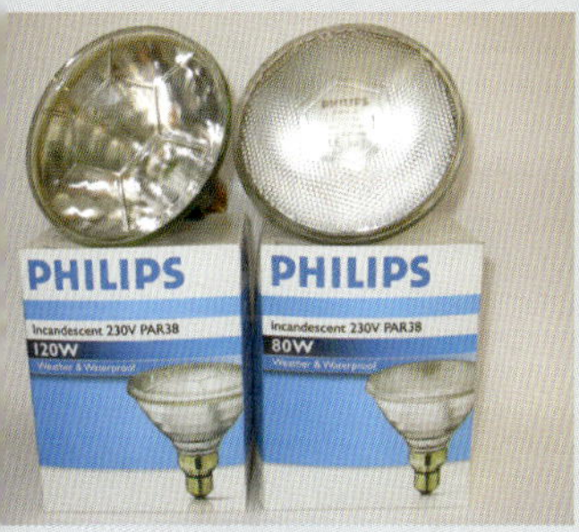

PAR-38-Strahler

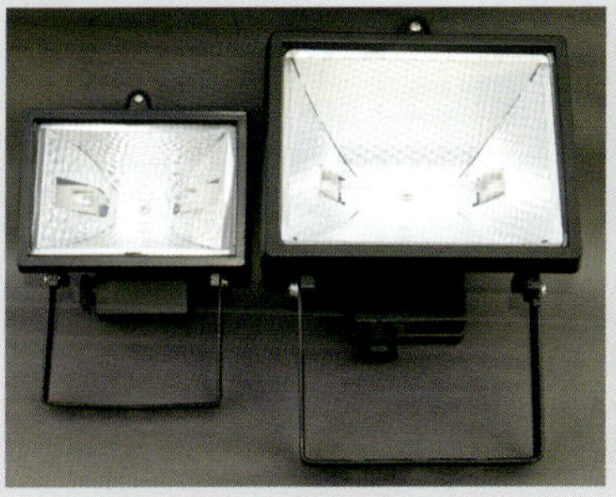

Halogenstrahler

Elstein Dunkelstrahler

Bezugsquelle für Frühbeet und Zubehör, wie Fensterheber und Solarschlauch:
Ing. G. Beckmann, Simoniusstraße 10, 88239 Wangen im Allgäu, Tel. 07522-97450
E-Mail: service@beckmann-kg.de, http://www.beckmann-kg.de

... für Frostschutzheizkabel:
Zum Schutz von Wasserleitungen vor dem Einfrieren entwickelt, integrierter Thermostat schaltet unter 5 °C ein und bei 8 °C wieder aus, 230 Volt/30 Watt, 2 Meter lang, erhältlich in Baumärkten oder bei Westfalia Werkzeuge oder Conrad Elektronik, ca. 40 Euro.

... für geeignete HQI-Strahler:
Über die Schildkrotte Grubbe Regio Basel, Schweiz (SGRB)
Nähere Informationen, Technische Daten und Preis auf der Homepage:
E-Mail: sgrb@padde.eu, http://www.sgrb.padde.eu - Marktplatz

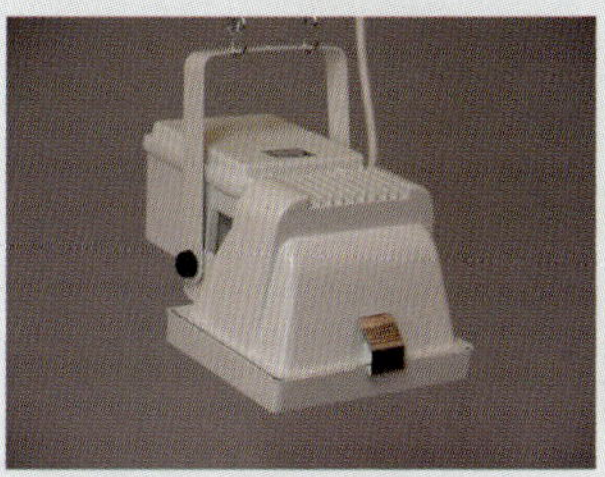

HQI-70W-Typ-IC

HQI-150W-Typ-IC

HQI-250W-Typ-IC

Wachstum

Schildkröten setzen fast die gesamte aufgenommene Energie in Wachstum um, weil sie keine Energie zur Erzeugung der Körperwärme benötigen. Ihr Biorhythmus ist zudem auf eine begrenzte, nur wenige Stunden dauernde Tagesaktivitätszeit und auf eine starke Nachtabsenkung der Temperatur eingestellt.
Der hierdurch reduzierte Stoffwechsel ist für ein gesundes Wachstum äußerst wichtig. Die Einschaltzeiten der Wärmelampen dürfen die natürliche Tageslänge nicht übersteigen.

Ernährung

Die Ernährungsbedürfnisse junger Schildkröten sind generell dieselben wie die der erwachsenen Tiere. Nur haben verständlicherweise Haltungs- und Fütterungsfehler bei einem Jungtier von nur wenigen Gramm Gewicht schwerwiegendere Folgen als bei einer ausgewachsenen Schildkröte. Nach dem Schlupf und ebenso im Frühjahr benötigen die jungen Schildkröten viel Energie. In der Natur fressen sie daher frisch gekeimte Triebe und nehmen dadurch nicht nur reichhaltige Eiweißverbindungen, sondern auch alle anderen sekundären Pflanzenstoffe auf. Die Tiere weiden praktisch alles ab was keimt, selbst Keimlinge und frische Triebe von Pflanzen, Büschen und Bäumen, die sie im ausgewachsenen Stadium, aufgrund sich ändernder Inhaltsstoffe, verschmähen würden. In meinem Gewächshaus sähe ich bereits im Herbst sehr großzügig selbst gesammelten Samen aus. Sie können diese Keimlinge auch in flachen Schalen oder Blumenuntersetzern heranziehen und immer wieder frisch zu den Schildkröten stellen. Es gibt zwischenzeitlich spezielle Samenmischungen für Schildkröten.
Grundsätzlich sind europäische und Russische Landschildkrö-

Testudo hermanni hermanni, Sardinien.

Testudo marginata, Sardinien.

ten reine Pflanzenfresser. In den Habitaten finden sie zu jeder Jahreszeit ein reichhaltiges Angebot an Pflanzen, Blättern, Knospen, Blüten, Samen und Wurzeln, um sich ausgewogen und damit gesund zu ernähren. In Menschenobhut sind die Schildkröten davon abhängig, was wir ihnen anbieten.
Die Ernährung ist einer der wichtigsten Punkte für die gesunde Haltung unserer Schildkröten. Eine falsche Ernährung ist die häufigste Krankheits- und Todesursache.
Das beste Vorbild für artgerechte Ernährung bietet ein relativ unberührtes Habitat, das noch nicht in Agrarland umgewandelt wurde. Hier gedeihen keine Äpfel, Bananen, Birnen, Pfirsiche, Tomaten und Salate oder andere Erzeugnisse für den menschlichen Verzehr.
Bei uns besteht das Schildkrötenfutter ohnehin nicht aus Wildpflanzen, die im kargen, sonnenverwöhnten Süden wachsen. Belasten Sie deshalb den Organismus Ihrer Tiere nicht zusätzlich mit gänzlich ungeeignetem Futter.
Schildkröten sind nicht immer in der Lage, zwischen verträglicher und unverträglicher Nahrung zu unterscheiden. Besonders süße Früchte und tierisches Eiweiß üben eine magische Anziehung auf die Tiere aus. Dennoch sollten Sie Ihren Schildkröten zuliebe auf jegliche unnatürliche Ernährung verzichten. Sie sollten möglichst abwechslungsreich und vielseitig füttern.

Geeignete Futterpflanzen

sind viele Kräuter und Pflanzen, die oft pauschal als Unkraut bezeichnet werden. Ebenso Blätter von Bäumen und Büschen wie Apfelbaum, Birke, Birnenbaum, Brombeerbusch, Haselnussbusch, Himbeerstrauch, Hibiskusstrauch, Kirschenbaum, Maulbeerbaum, Rosenbusch, Pflaumenbaum, Stachelbeerbusch, Weide, Weinrebe und vielen anderen.

Im Habitat ist das Futterangebot jahreszeitlich recht unterschiedlich. Es besteht dort im Frühjahr zunächst aus zarten, keimenden und schließlich aus reich blühenden, grünen Pflanzen. Im Sommer, bereits von Ende Mai an, verwelken die bis dahin ausgereiften Pflanzen allmählich, bis diese schließlich nur noch als Heu mit vitamin- und fettsäurehaltigen Samen, aber erheblich reduziertem Eiweißgehalt zur Verfügung stehen.
Bereits Ende August nehmen die Regentage allmählich zu und die Schildkröten finden wieder frisch keimende, eiweiß-, mineralien- und vitaminreiche Pflanzen.
Der Darm der europäischen und der Russischen Landschildkröte ist an diesen jahreszeitlichen Futterrhythmus angepasst, weshalb wir den Tieren dieses jahreszeitlich unterschiedliche Futter auch anbieten sollten.
Außer Löwenzahn, Klee, Lattich- und Milchdistelarten bevorzugen die Schildkröten Schmetterlings- und Lippenblütengewächse. Gefüttert werden sollte eine Vielfalt von ungiftigen „Unkräutern", sogar Brennnesseln, die sich auch sehr gut zum Trocknen eignen, werden gerne gefressen.

In meinem Schildkrötenhaus wachsen im Frühjahr artenreich Futterpflanzen.

Heu

Futterheu kann leicht selbst hergestellt werden, indem man die Pflanzen an der Sonne trocknet. Notfalls werden Kräuterheu und Heupellets auch in Geschäften mit Tiernahrung angeboten.

Das Fress- und besonders das Trinkverhalten der kleinen Schildkröten sollte vom Pfleger beobachtet werden. Suchen die Tiere die Wasserschüsseln trotz regelmäßigen Gießens oder Besprühens des Geheges nicht auf, sollte der Pfleger eingreifen und die Kleinen einfach immer wieder in die Trinkgefäße ins Wasser setzen.

Flache Tonuntersetzer sehen nicht nur ansprechend aus, sie bleiben aufgrund des Eigengewichts auch besser stehen.

Flüssigkeitsbedarf

Auch Schildkröten brauchen für eine ausgewogene Stoffwechseltätigkeit ständig den Zugang zu frischem Wasser. Eine regelmäßige Wasseraufnahme in Menschenobhut ist sogar wichtiger als in den Habitaten, weil die Tiere bei uns wesentlich mehr Eiweiß verwerten und Giftstoffe ausschwemmen müssen. Schildkröten trinken gern badend und setzen hierbei auch Kot und Urin ab. Die Trinkschalen müssen daher ständig sauber gehalten werden.

Kalkversorgung

In ihren Lebensräumen nehmen die Tiere bereits einen großen Teil an Kalk, den sie so bei uns in der Regel nicht immer bekommen, über die Futterpflanzen und das Trinkwasser auf.
Den erhöhten Kalkbedarf decken die Jungtiere mit Fressen von Kalksteinen, Schneckenhäusern, Eischalen und Knochen.
Bezüglich der Kalkaufnahme wissen die Tiere besser, wie viel sie brauchen. Es ist grundsätzlich abzulehnen, dass irgendwelche Kalk- oder Mineralpräparate über das Futter gestreut werden und man die Tiere dadurch regelrecht zwingt, Kalk aufzunehmen. Die richtige Dosierung kann so nicht erreicht werden, weil darüber überhaupt noch nichts bekannt ist und weil niemand weiß, wie viel Kalk anderweitig bereits aufgenommen wurde. Stellen Sie Ihren Schildkröten stets verschiedene Kalklieferanten zur Verfügung.
Sepiaschale, zerdrückte Hühnereischalen, leere Schneckenhäuser und weichere Muscheln oder Muschelgritt und Knochen von Wildtieren sind gut geeignet.

Das Thema Ernährung ist für die Gesunderhaltung der Schildkröten und damit für ihr Wohlergehen und ihr Gesamtverhalten so wichtig und umfangreich, dass es ein eigenes Buch beansprucht.
In meinem 320 Seiten umfassenden Buch

finden Sie umfassende Hinweise und Anregungen zur Ernährung von Schildkröten. Im Hauptteil werden mehr als 300 verschiedene Futterpflanzen ausführlich beschrieben und mit Zeichnungen sowie Bildern in verschiedenen Wuchsstadien dokumentiert. Es wird aufgeführt, wo die Pflanzen zu finden sind und es wird erklärt, welche Pflanzenteile die Schildkröten bevorzugt fressen. Als Vorbild dient gerade bei dem sehr wichtigen Ziel der artgerechten Ernährung ausschließlich die Natur. Deshalb wurden nur Pflanzen ausgewählt, die von den Schildkröten in den Primärhabitaten gefressen werden und auch bei uns vorkommen.

Kältestarre

Winter im Gehege. Im Hintergrund mein eingeschneites Schildkrötenhaus.

> Der Hauptgrund, warum Schildkröten im Herbst nicht mehr fressen wollen, inaktiv werden und sich oft zu früh in die Winterruhe begeben, ist das fehlende Licht. Licht ist ein wichtiger biologischer Zeitgeber und regelt auch die Einstimmung auf die Kältestarre (S. 18). Abhilfe schafft hier nur der Einsatz eines HQI-Strahlers (S. 47).

Allgemeines

Gesunde junge Schildkröten und auch schon Schlüpflinge sollten in den Genuss einer kalten Überwinterung kommen. Die Tiere würden ansonsten unnatürlich schnell wachsen und in der Folge erkranken. Die Kältestarre gehört für alle europäischen und Russischen Landschildkröten zum natürlichen Jahreszyklus. Kalt überwinternde Schildkröten sind wesentlich widerstandsfähiger, lebhafter und auch kontrastreicher gefärbt.

Während die Winterruhe im Mittelmeerraum, abhängig von der Lage des Habitats, in der Regel zwischen drei und fünf Monate dauert, ziehen sich die Russischen Landschildkröten regelmäßig fünf Monate und sogar noch länger zurück. Bei uns muss man bei der Länge der zu haltenden Kältestarre einen Kompromiss eingehen. Es ist allemal besser, die Schildkröten etwas länger in der Starre zu belassen, als diese in den Übergangszeiten in Terrarien zu halten und mit ungeeignetem Ersatzfutter zu ernähren. Die Länge der Starre hängt also stark von den jeweiligen Witterungsverhältnissen ab und ist eher zweitrangig. Wichtig ist eine konstant niedrige Temperatur und natürliche Substratfeuchtigkeit.

Eine natürliche Bodenfeuchtigkeit im Frühbeet oder Gewächshaus wird durch regelmäßiges, durchdringendes Gießen mit abgestandenem Wasser aus der Gießkanne erreicht. Das Wasser muss tief in den Boden eindringen, sonst ist es zu schnell wieder verdunstet. Wässern Sie während der Aktivphase regelmäßig morgens, dann brauchen Sie sich im Winter nicht um die Feuchtigkeit kümmern.

Ganzjährig im Freien gehaltene Tiere bereiten sich, wie in der freien Wildbahn, selbstständig und völlig stressfrei auf die bevorstehende Kältestarre vor. Auch für den Schildkrötenhalter ist das die einfachste Art ohne große Vorbereitung und aufwändigen Plan.

Je nach den Temperatur- und Lichtverhältnissen von Oktober an, wenn die Nächte kühler und die Tage kürzer werden, fressen die Schildkröten automatisch weniger, schließlich gar nichts mehr und bleiben länger in ihrem Unterschlupf. Die Tiere sonnen sich dennoch täglich, weshalb der Stoffwechsel weiterhin abläuft und dadurch auch der Darm weitgehend entleert wird. Wenn die Nachttemperaturen dauerhaft unter 10 °C fallen, graben sich die Schildkröten zunächst im Einstreu und bei weiter fallenden Temperaturen endgültig auch im Boden ein, um schließlich bis zum nächsten Frühjahr temperaturbedingt in die Kältestarre zu fallen.

Die Schildkröten sollten möglichst bis Mitte November im Frühbeet bleiben und dort auch warm und hell gehalten werden, bis sie sich selbst eingraben. Die einzelnen Tiere können hierbei den für sie besten Zeitpunkt selbst bestimmen. Nicht die Tagestemperaturen, sondern die niedrigen Nachttemperaturen sind für die Schildkröten ein Zeichen für den nahenden Winter.

Die Vorbereitung der Winterstarre wird von kürzeren, dunkleren Tagen, verändertem Luftdruck und den tiefen Nachttemperaturen eingeleitet und sollte nicht unnatürlich erzwungen werden!

Etwa im September/Oktober ist es aufgrund der in unseren Breitengraden für die Tiere viel zu niederen Temperaturen bereits erforderlich, die Halogen- oder Spotstrahler täglich für die Dauer des hellen Tageslichtes einzuschalten. Außerhalb des Lichtkegels sollte im September und Oktober die Umgebungstemperatur tagsüber noch 20 °C erreichen. Im November dürfen die Tagestemperaturen außerhalb des Lichtkegels auf 16 °C sinken. Die Nachttemperaturen sollten mit dem über den Thermotimer geschalteten Dunkelstrahler im September auf 15 °C, im Oktober auf 12 °C und im November auf 10 °C gehalten werden. Direkt im Zentrum des Lichtstrahlers genügen in dieser Phase Temperaturen um die 40 °C. Die angegebenen Temperaturen sind lediglich Richtwerte und müssen nicht exakt eingehalten werden. Schwankungen aufgrund verschiedener Wetterlagen sind auch in den Habitaten üblich.

Das hochwertige Beckmann-Frühbeet gestattet selbst bei einem Schneeeinbruch wie am 29.10.2012 für die Schildkröten ein angenehmes Kleinklima. An solchen Tagen bleibt der Ausgang in das Freigehege mit einem passgenauen Styrodurstück verschlossen.

Oft sind die Nachttemperaturen in meinem gut isolierten Frühbeet, selbst ohne zu heizen, im November noch 10 °C und höher.

Die Wattstärke der Strahler richtet sich nach der Größe des zu heizenden Raumes und muss gegebenenfalls ausprobiert werden. In dem hier vorgestellten Frühbeet mit einer mittleren Innenhöhe von 90 Zentimeter und einer Grundfläche von etwa einem Quadratmeter verwende ich im Frühjahr und Spätherbst einen PAR-38-Strahler, Flood, 120 Watt. An kühlen Sommertagen ist ein 80-Watt-Strahler ausreichend. Mein Elsteinstrahler hat 150 Watt. Die Strahlungstemperatur im Zentrum des PAR-38-Strahlers wird auf Panzerhöhe der Schildkröten gemessen und durch den Abstand zum Strahler bestimmt.

Die ideale Überwinterungstemperatur liegt zwischen 2 °C und 6 °C (2 - 4 °C bei den Russischen Landschildkröten). Im Winter ist bei mir im Frühbeet keine Heizung erforderlich. Zur Sicherheit kann jedoch, nachdem sich die Schildkröten endgültig auch im Boden vergraben haben, entlang des Innenrandes auf die Bodenfläche ein Heizkabel mit Frostschutzfunktion (Seite 47) gelegt werden. Das Kabel schaltet sich bei einer Temperatur unter 5 °C ein und bei 8 °C wieder aus.

Frühbeetkasten

Die Überwinterung im Frühbeet und somit im Unterschlupf ist neben der im Gewächshaus die natürlichste Art und deshalb allen anderen Methoden unbedingt vorzuziehen.

Das eingeschneite, mit Buchenlaub gefüllte Frühbeet im Winter. Der Schnee isoliert zusätzlich, lässt die Kälte nicht ins Frühbeet und die Wärmegrade nicht hinaus. So sind auch die Schildkröten in schneereichen Habitaten vor Frost geschützt.

Die Schildkröten werden sich wie gewohnt selbst in das Schutzhaus im Frühbeet zurückziehen und bei niederen Temperaturen in die Erde eingraben. Von ihrem Instinkt angetrieben, graben sie sich trotz Kältestarre je nach Temperatur mehr oder weniger tief ein und suchen sich so in der entsprechenden Bodenschicht die ideale Überwinterungstemperatur. Wie in der Natur können die Schildkröten den Beginn und die Dauer der Winterruhe entsprechend den Witterungsverhältnissen weitgehend selbst bestimmen. Eine Kontrolle der Tiere im Frühbeetkasten ist zwar nicht ganz einfach, aber grundsätzlich auch nicht nötig.

Hat sich das letzte Tier dauerhaft im Boden eingegraben, wird das Licht ausgeschaltet und der Thermotimer mit dem Dunkelstrahler nur noch auf 5 °C eingestellt. Nach etwa einer Woche werden die Stein- und Wassereinbauten entfernt und das Frühbeet wie auf Seite 57 beschrieben für den Winter vorbereitet. Damit sich das Frühbeet bei längeren Schönwetterperioden nicht zu sehr aufwärmt, kann es mit einer Strohmatte bedeckt oder zur weiteren Isolierung auch von außen mit Noppenfolie oder Styrodurplatten eingepackt werden. Die Feuchtigkeit regelt sich bei einer natürlichen Bodenfeuchtigkeit während des Winters im Frühbeet von alleine. Zur Kontrolle stelle ich den Funkfühler der Wetterstation unter dem Laub direkt auf den Boden und kann so den ganzen Winter über nicht nur die Temperatur, sondern auch die Luftfeuchtigkeit von meinem Wohnzimmer aus ablesen.

Da die Bodentemperatur an der Oberfläche jedoch regelmäßig niedriger ist als im Boden bei den eingegrabenen Schildkröten, messe ich zusätzlich an verschiedenen Stellen mit den externen Fühlern von zwei Digitalthermometern die Bodentemperaturen in etwa 10 Zentimeter Tiefe. Auch nach länger anhaltenden Kälteperioden wurde es in meinem Frühbeet noch nie kälter als 2 °C. Die Temperaturen pendeln regelmäßig zwischen 3 °C und 5 °C. Die Luftfeuchtigkeit unmittelbar an der Bodenoberfläche beträgt durchgehend 95 Prozent.
Bei mir am Bodensee habe ich selbst im November oft das Problem, dass es im Frühbeet in der Nacht noch zu warm ist. Um die Temperatur zu senken, lasse ich zeitweise den Frühbeetdeckel einige Zentimeter geöffnet.

Gewächshaus

Zusammen mit der Frühbeetüberwinterung ist die Überwinterung im Gewächshaus für die Tiere die natürlichste und für den Halter die stressfreiste Art. Die Schildkröten graben sich völlig ungestört in ihrer gewohnten Umgebung ein und wachen auch dort wieder auf. Im Herbst wechsle ich das Moos im Unterschlupf der Jungtiere und das Stroh bei den Adulten gegen Buchenlaub aus und lockere den Boden in den Unterschlüpfen auf. Das ist die ganze Vorbereitung.
Mein Gewächshaus wird über die Zentralheizung frostfrei gehalten. Im Handel sind diverse Gewächshausheizungen mit Frostschutzfunktion erhältlich. An sonnigen Wintertagen öffne ich die Tür des Gewächshauses. Die Bodentemperatur beträgt konstant 5 °C.

Der mit Buchenlaub gefüllte Unterschlupf im Gewächshaus, die Holzdeckel wurden für das Foto hochgeklappt.

Seit mehr als einer Woche hat sich keine Schildkröte mehr gezeigt. Die Temperaturen haben sich Mitte November nachts im Frühbeet ohne Heizung auf 10 °C eingependelt.

Nach dem Entfernen der Schlafhütte und einer 10 cm hohen Schicht Sphagnum-Moos sind fünf eingegrabene Schildkröten zu erkennen. Fünf weitere haben sich bereits tiefer in das Substrat eingegraben.

Die in Töpfen eingegrabenen Pflanzen sind herausgenommen. Zur weiteren Isolierung wurden 30 Millimeter Styrodurplatten innen vor den Unterbau gestellt und etwa 10 Zentimeter in den Bodengrund eingelassen. Da die Schildkröten von diesen Eingriffen offensichtlich gestört wurden, habe ich zunächst nur eine dünne Schicht Buchenlaub eingestreut und die Schildkröten nochmals eine Woche in Ruhe gelassen. Die Temperaturen betrugen in dieser Zeit immer noch um die 10 °C, sodass ich nicht zu heizen brauchte.

Nachdem sich die Schildkröten in dieser Zeit nicht mehr gezeigt hatten, habe ich den Raum innerhalb der Styrodurplatten vollständig mit leicht feuchtem Buchenlaub und letztlich den gesamten Restraum mit trockenem Buchenlaub zur zusätzlichen Isolierung gegen Kälte und auch gegen Wärme von Sonneneinstrahlung aufgefüllt.

Der Vollständigkeit halber möchte ich andere Überwinterungsmethoden nicht unerwähnt lassen. Grundsätzlich können die Tiere in einer Überwinterungskiste an allen Orten mit einer Temperatur zwischen 2 °C und 6 °C (4 °C) den Winter verbringen.

Überwinterungskiste

Sind im Herbst alle Tiere verschwunden und die Temperaturen dauerhaft unter 8 °C, werden die Schildkröten vorsichtig ausgegraben und in die Überwinterungskiste gebracht. Da die Tiere hierbei keinen zu großen Temperaturschwankungen ausgesetzt werden sollten, ist der Abend für das Umsetzen die beste Zeit.
Die Schildkröten nicht in das Substrat eingraben, sondern nur daraufsetzen und mit Laub abdecken. Ansonsten wird der angeborene Reiz, sich bei sinkenden Temperaturen ein- und bei steigenden Temperaturen auszugraben, gestört. Nach dem selbständigen Eingraben ziehen die Schildkröten den Kopf etwas zurück und schaffen so vor den Nasenlöchern eine kleine Höhle. Erst wenn die Temperaturen über einen längeren Zeitraum ausreichend tief gefallen sind, ziehen die Schildkröten den Kopf und langsam auch die Gliedmaßen vollständig ein.

Als Überwinterungskiste sind Plastikbehältnisse oder Mörtelwannen am besten geeignet. Sehr wichtig ist bei den europäischen Landschildkröten eine natürliche Substratfeuchtigkeit, weil besonders Jungtiere ansonsten relativ schnell austrocknen würden. Auch aus diesem Grund sollte der Behälter nicht zu klein bemessen sein.
Die Überwinterungskiste wird, etwa dreimal so hoch wie der Panzer, mit demselben Erde-/Buchlaubgemisch aufgefüllt wie es auch im Frühbeet und im Unterschlupf des Gewächshauses verwendet wird. In der Kiste sollte auch das Laub leicht feucht sein und kann zuvor einige Zeit zur Wasseraufnahme gewässert werden.
Zum Schutz vor Nagetieren und damit die Schildkröte beim Herumkrabbeln nicht herausfallen kann, wird das Behältnis oben mit einem Drahtgewebe abgedeckt.
Schlüpflinge und Jungtiere können zu mehreren in ein entsprechend großes Behältnis gesetzt werden. Die Überwinterungskiste wird an einen dunklen Ort mit Temperaturen zwischen 2 °C und 6 °C (4 °C) gestellt. Das Substat der Russischen Landschildkröten sollte relativ trocken, aber nicht staubtrocken sein. Dauerhaft dürfen die Temperaturen keinesfalls über 8 °C steigen und auch nicht an die Frostgrenze heranreichen. Besonders für junge Schildkrö-

Nur wirklich gesunde Tiere dürfen in die Kältestarre. Die Ursachen für die meisten Todesfälle, während oder kurz nach der Überwinterung, sind bereits während der vorangegangenen Aktivphase entstanden.

ten ist Frost lebensbedrohlich. Der Einsatz von einem digitalen Thermometer mit Außenfühler, welcher direkt in den Boden zur Schildkröte gesteckt werden kann, ist sehr zu empfehlen. Bei funkgesteuerten Wetterstationen können die Temperaturen sogar direkt vom Wohnzimmer aus beobachtet werden. In den Übergangszeiten sowie bei einem Wärmeeinbruch im Winter sind kurzfristige Temperaturschwankungen bei artgerecht ernährten Tieren kein Problem. Auch im Habitat sind die Lufttemperaturen Schwankungen unterworfen. Allerdings dauert es eine ganze Weile, bis sich schwankende Lufttemperaturen im mit einer Laubschicht abgedeckten Boden auswirken, so dass die Überwinterungstemperatur auch dort relativ konstant ist.

Bei länger anhaltenden, bereits in den Boden eindringenden, zu hohen Temperaturen habe ich auch schon in Plastiktüten verpackte Kühlakkus oder Schnee auf das Laub gelegt. Hier muss gegebenenfalls improvisiert werden.

Kühlschrank

In den vergangenen Jahren hat sich bei Schildkrötenhaltern die Überwinterung in einem Getränkekühlschrank eingebürgert.

Diese Methode ist, auch wenn sie immer wieder hoch gelobt und angepriesen wird, nur als Notlösung anzusehen, da die Tiere durch die ständig notwendigen Kontrollen und die Erschütterungen gestört werden. Es sind deshalb nur wirklich neue Modelle, die geräuscharm und möglichst erschütterungsarm laufen, geeignet. Schildkröten reagieren mit ihrem seismischen Sinn sehr empfindlich auf die Erschütterung beim Ein- und Ausschalten sowie auf das ständige Brummen der Aggregate. Im Kühlschrank können nur kleinere Plastikboxen mit wenig Substrat verwendet werden. Aufgrund des Verdampfungsprinzips trocknet das Substrat im Kühlschrank sehr schnell aus. Es muss ständig nachgefeuchtet werden. Am besten legt man nasse Tücher zwischen die Boxen und feuchtet diese immer wieder an. Zur Vermeidung von Temperaturschwankungen sollte der gesamte freibleibende Raum mit wassergefüllten Flaschen als Speicher ausgelegt werden. Um einen Gasaustausch in dem unnatürlichen Raum zu gewährleisten, muss die Tür 2 bis 3 mal pro Woche kurz geöffnet werden.

Beachten Sie auch die erheblichen Temperaturunterschiede. Im oberen Bereich des Kühlschranks ist es regelmäßig einige Grade wärmer als unten. Im Bereich der Kühlschlangen schlägt sich oft Eis nieder, was unter Umständen zu Erfrierungen führen kann.
Auch nach Erkenntnissen der SIGS (Schildkröten Interessen Gemeinschaft Schweiz) ist die Kühlschrankmethode weit weniger gut als ihr Ruf. Die Rückmeldungen von „Überwinterungsunfällen" sind bei dieser Kompromisslösung am größten.

Lichtschacht

Eine bessere Alternative sind Lichtschächte. Diese befinden sich außerhalb des beheizten Hauses und sind aufgund der Nähe zum Haus nicht so stark dem Frost ausgesetzt. Die Schächte müssen gegen einfallenden Regen, Schnee und Kälte mit einer Abdeckung aus Styrodur geschützt werden.
In den Lichtschacht werden die Schildkröten mitsamt einer größeren Überwinterungskiste gestellt. Auch bei dieser Überwinterungsmethode ist eine ständige Temperaturmessung mit einem digitalen Außentemperaturmesser erforderlich. Bei lang anhaltenden Frostperioden kann über die geöffneten Kellerfenster Wärme in den Lichtschacht geführt werden.

Ende der Winterstarre

In der Überwinterungskiste:
Aus den dunkel und kühl stehenden Überwinterungskisten werden die Schildkröten im März vorsichtig ausgegraben, in ihren frisch gerichteten Unterschlupf im Frühbeetkasten gesetzt und mit Stroh oder Laub abgedeckt. Damit auch hierbei nicht gleich ein zu großer Temperaturunterschied entsteht, wird auch dieses Umsetzen nachts vorgenommen.

Im Frühbeet/Gewächshaus:
Je nach den Witterungsverhältnissen entfernt man Ende Februar/ Anfang März bis auf eine dünne Schicht das Laub und die eingestellten Styrodurplatten und bringt die Steinplatten, Wassereimer und Solarschläuche wieder ein. Die Nachttemperaturen werden mit einem Elsteinstrahler soweit angehoben, dass diese im März nicht mehr unter 10 °C, im April nicht mehr unter 12 °C und von Mai an nicht unter 15 °C sinken. Nachdem auch tagsüber die Lampen für eine Wärmestrahlung von bis zu 45 °C im Zentrum der Strahler sorgen, wird bald die erste Schildkröte auftauchen und sich unter dem Licht aufwärmen. Sind alle Schildkröten wieder aufgetaucht, wird die Schutzhütte eingestellt und mit frischem, gewässertem Moos aufgefüllt, und die Kräuter werden mit den Töpfen eingegraben.

Im Gewächshaus „aufwachende“ Schildkröten begeben sich oft unmittelbar in die nächste Wasserschale um mit eingetauchtem Kopf ausgiebig zu trinken. Alsbald werden sie auch die bereits im Herbst gesäten Keimlinge verschiedener Futterpflanzen fressen.

An sonnigen Tagen wird der Durchgang zum Außengehege tagsüber geöffnet, damit die Tiere für die ersten Erkundungsgänge ins Freie können. In der ersten Zeit sollte geprüft werden, ob sich abends auch alle Tiere wieder in der Schutzhütte befinden.

Nach der Winterstarre ist das Trinken für die Schildkröten sehr wichtig. Die Tiere müssen ihren Flüssigkeitshaushalt wieder ins Lot und ihren Stoffwechsel durch das Trinken wieder in Schwung bringen!

Von Zwangsbädern in hohen Wasserschüsseln halte ich nichts, da dies für die Tiere unnötigen Stress verursacht. Nach der Winterruhe stelle ich deshalb mehrere flache Wasserschalen mit frischem, der Umgebungstemperatur angepasstem Leitungswasser in den Frühbeetkasten oder das Gewächshaus und überlasse es den Tieren selbst, sich zu bedienen. Die meisten Schildkröten suchen die Wasserschalen auch auf, um badend zu trinken. Sollten einzelne Tiere das nicht tun, so hilft oft die Imitation eines Frühjahrsregens mit der Gießkanne. Es ist wichtig, die Schildkröten in dieser Zeit zu beobachten und falls sie nicht von selbst trinken, täglich mehrfach in die Trinkgefäße zu setzen!

Achten sie auch darauf, dass die Schalen stets sauber sind.

Wer seine Schildkröten so naturnah wie möglich hält und artgerecht ernährt, hat sicherlich so gut wie keine krankheitsbedingten Probleme.

Eine gesunde Schildkröte ist in den Sommermonaten während ihrer Aktivphase lebhaft, neugierig und ständig auf der Suche nach etwas Fressbarem. Sie hat leuchtend klare, offene Augen, läuft hochbeinig, trägt ihren Panzer leichtfüßig und vor allem waagrecht. Die Nasenlöcher sind trocken und frei. Der Panzer ist bei adulten Tieren hart und ebenso wie die Haut trocken. Allerdings lösen sich bei der natürlichen Häutung, hauptsächlich bei Jungtieren, immer wieder kleine Hautfetzen. Die Kloake ist trocken und regelmäßig geformt. Der Kot ist länglich, kompakt, faserreich und schwarz bis dunkelgrün. Die Urinflüssigkeit ist farblos klar, der kristalline Anteil ist reinweiß und sämig. Farbveränderungen können aber auch auf Inhaltsstoffe von Futterpflanzen zurückzuführen sein.

Tierarzt

Jede Verhaltensänderung oder ein anhaltender Gewichtsverlust, auch übermäßiges Trinken, kann ein Anzeichen einer Krankheit sein.
Stress gilt als wesentlicher Auslöser psychischer und körperlicher Erkrankungen.
Wenden Sie sich bitte bei Krankheitsanzeichen so bald wie möglich an einen schildkrötenerfahrenen Tierarzt. Informieren Sie sich rechtzeitig beim Züchter Ihrer Tiere, an wen Sie sich im Ernstfall wenden können.

Parasitenbefall

Schildkröten können Träger von Bakterien, Parasiten und Salmonellen sein. In geringer Anzahl kommen verschiedene Parasiten auch bei gesunden Tieren vor. Nicht alle Darmparasiten müssen schädlich sein. Ein übermäßiger

Frisch abgesetztes Urat

und Kot im Habitat.

Befall deutet immer auf einen Fehler in der Haltung der Tiere hin. Werden die Schildkröten als Wildtiere behandelt und in einer entsprechenden Freilandanlage gehalten, ist der Parasitenbefall absolut unauffällig. Landschildkröten sind ausgesprochene Bodenbewohner und außerordentlich gestresst, wenn sie aufgehoben oder herumgetragen werden. Solche Handhabungen müssen auf ein absolutes Minimum reduziert sein.

Rohfaserreiches Futter und ganz besonders das Fressen von Heu trägt erheblich zur Parasiteneindämmung bei. Das Fressen von süßen Früchten kann hingegen für deren explosionsartige Vermehrung verantwortlich sein. Allerdings reduzieren sich die Parasiten bei einer gesunden Schildkröte und rohfaserreichen Nahrung wieder von selbst. Einer Schildkröte ist ein Parasitenbefall äußerlich nicht unbedingt anzusehen. Stark befallene Tiere fressen schlecht, magern ab, werden apathisch und sterben letztlich, wenn sie nicht behandelt werden. Ein weich werdender Panzer kann ebenfalls auf einen Befall hinweisen.

Parasiten sind Schmarotzer, welche hauptsächlich im Darm der Schildkröten leben und sich auf deren Kosten von Körpersubstanzen oder vom Inhalt des Darmtraktes ernähren. Der Organismus der Schildkröte wird dabei durch Entzug wichtiger Nährstoffe oder durch direkte organische Schädigung in seiner Funktion beeinträchtigt.

Die Parasiten können vom Tierarzt in frischen Kotproben oder durch Kloakenabstriche, welche jedoch eine geringere Aussagefähigkeit haben, festgestellt werden. Manche Einzeller können außerhalb ihres Wirtes nur wenige Stunden überleben und sind deshalb nur in wirklich frischem Kot feststellbar. Schildkrötenerfahrene Tierärzte untersuchen den Kot sofort und können erforderlichenfalls gleich das richtige Medikament verabreichen. Entwurmungsmittel sind nur über eine Magensonde oder per Injektion wirksam einzusetzen. Präparate aus dem Zoogeschäft sind völlig ungeeignet. Verschiedene Parasiten müssen vom Tierarzt mit verschiedenen Medikamenten behandelt werden.

Eine Wurmkur ist jedoch keine absolute Garantie dafür, dass auch alle Parasiten abgetötet werden.

Parasiten werden direkt von Tier zu Tier übertragen, können aber auch über das Futter in die Schildkröte gelangen. Auch einzeln gehaltene Schildkröten sind Parasitenträger.

Eine vorsorgliche Wurmkur ist nicht nur unsinnig, sondern schadet einem pflanzenfressenden Tier erheblich, weil unter anderem auch die zur Futterverwertung notwendige Darmflora abgetötet wird und diese nur langsam wieder aufgebaut werden kann.

Das Wichtigste zusammengefasst

Ernährung

Das beste Futter wächst auf kalkhaltigen, kargen Böden im Gehege selbst. Als Zusatzfutter möglichst nur ausgereifte, rohfaserreiche und vielfältige Wildkräuter und Kräuterheu reichen. Kein Fleisch, Fisch, Hunde- oder Katzenfutter, keine ungeeigneten Schildkrötenpellets, keine Bananen, Tomaten, keinen Kopfsalat oder süße Früchte füttern! Ständig frisches Wasser in flachen Schalen zur Verfügung stellen und das Trinkverhalten beobachten.

Kalkversorgung

Kalk in Form von Kalksteinen, Sepiaschalen, Eierschalen, Schneckenhäusern oder Knochen muss ständig zum Fressen vorhanden sein. Kein Mineral- oder Kalkpulver über das Futter streuen.

Vitamine

In den Futterpflanzen sind alle Vitamine und Vitaminvorstufen enthalten, welche der Schildkröte direkt zur Verfügung stehen oder über die Einwirkung von UV-B-Strahlen von der Schildkröte synthetisiert werden.
Es sollten keine Vitaminpräparate zugefüttern werden.

Sonnenlicht

Keine künstliche Beleuchtung kann die lebensnotwendige Strahlungswärme der Sonne ersetzen. Sonnenlicht steuert die chemischen Abläufe im Körper, pflegt das Immunsystem und ist ein wichtiger biologischer Zeitgeber. UV-B-Strahlen sind zur Bildung des Vitamins D_3 erforderlich. Ohne das Vitamin kann das aufgenommene Kalzium vom Körper nicht verwertet werden. Es ist wichtig für Knochenaufbau, Panzerausbildung und -härtung sowie für die Häutung.

Strahlungswärme

Schildkröten sind als wechselwarme Tiere stark licht- und temperaturgesteuert. Um ihre Stoffwechseltemperatur von 35 °C erreichen zu können, sind sie auf helle Strahlungswärme von oben in Form von Sonnen- oder Kunstlicht, punktuell von bis zu 45 °C, angewiesen. Eine geringere Strahlungstemperatur ist unnatürlich.

Tag-/Nacht-Temperaturunterschied

Europäische und Russische Landschildkröten benötigen nicht nur zum Wohlbefinden ein starkes Tag-/Nacht-Temperaturgefälle. Der Stoffwechsel ist unter natürlichen Bedingungen nachts stark reduziert, weshalb die Schildkröten natürlicher wachsen. Ein oft unterschätzter, wichtiger Faktor, der nur bei Freilandhaltung gewährleistet ist.

Feuchtigkeit

Junge europäische Landschildkröten sind auf ein sehr feuchtes, schwülwarmes Mikroklima angewiesen. Eine feuchte Umgebung muss insbesondere im Unterschlupf ständig vorhanden sein. Bloßes Besprühen alleine reicht nicht aus, da der Sprühnebel zu schnell abtrocknet. Man gießt das abgestandene Wasser großzügig morgens mit der Gießkanne in das Frühbeet und das Gehege.

Winterstarre

Alle gesunden Schildkröten müssen vom ersten Lebensjahr an für drei bis fünf Monate in die Kältestarre. Europäische Landschildkröten bei einer Temperatur zwischen 2 °C und 6 °C in leicht feuchtem Substrat und Russische Landschildkröten bei 2 °C bis 4 °C in eher trockenem Substrat.

Wegehaupt Verlag

Fachbücher zur naturnahen Haltung europäischer Schildkröten.

Halten, Pflegen, Vermehren nach dem Vorbild der Natur.

Heute ist in aller Munde, dass bei der artgerechten Haltung und Ernährung von Wildtieren die Natur als Vorbild dienen sollte. Als Vorbild kann jedoch nur der wirklich ursprüngliche Lebensraum der Schildkröten im Mikroklima ihrer Wärmeinseln in der Ur-Macchia und nicht irgendein vom Menschen bereits verändertes Areal herangezogen werden. Nur dort können die wenig anpassungsfähigen Schildkröten ihre in mehr als 230 000 000 Jahren geprägte Lebensweise noch ausleben und eine natürliche Populationsdynamik entwickeln. In meinen Büchern bringe ich Ihnen mit sehr vielen Bildern diesen noch ursprünglichen natürlichen Lebensraum als das Vorbild Natur näher und beschreibe ausführlich und tiefgreifend die Lebensweise der Schildkröten in der freien Wildbahn. Meine in mehr als 40 Jahren feldherpetologischer Arbeit gewonnenen Erkenntnisse habe ich konsequent in der Haltungs-, Aufzucht-, Ernährungs- und Zuchtbeschreibung umgesetzt.
Ausführliche Informationen erhalten Sie im Internet unter www.Testudo-Farm.de

Sie können die Bücher direkt über den Verlag beziehen:
Online-Shop auf www.Testudo-Farm.de

Post: Wegehaupt Verlag, Gattnauer Str. 19, 88079 Kressbronn
E-Mail: Wegehaupt-Verlag@gmx.de
Fax: 07543/500465
oder im Buchhandel.

Innerhalb Deutschlands, nach Österreich und in die Schweiz auf Rechnung, alle anderen Länder nur gegen Vorkasse.

Natürliche Haltung und Zucht der

Griechischen Landschildkröte

352 Seiten, 530 Farbfotos, 4 Diagramme, 1 Tabelle, 7 Infotafeln.
Format: 21,6 x 15,3 cm, hochwertiger Umschlag mit Fadenheftung.
ISBN: 978-3-9809774-2-0

Es freut mich sehr, dass die überaus positive Resonanz auf die Erstauflage meines Buches bis heute anhält und ich Ihnen innerhalb weniger Jahre bereits die dritte Auflage präsentieren kann. Eine nach dem Vorbild Natur ausgerichtete Haltungsform ist zum Wohl der Schildkröten mittlerweile bei engagierten Haltern zum Standard geworden und prägt heute die meisten Publikationen und Internetpräsentationen über die artgerechte Haltung der europäischen Landschildkröten. Auch in der dritten überarbeiteten Auflage gebe ich nicht nur meine Erfahrungen aus Jahrzehnte langer Haltung und Vermehrung, sondern vor allem die Ergebnisse aus dem Studium der europäischen Landschildkröten in der freien Wildbahn wieder. Die in meiner feldherpetologischen Arbeit gewonnenen Erkenntnisse habe ich bereits vor vielen Jahren konsequent in der Haltung, Ernährung und Zucht meiner Tiere umgesetzt.
Das sehr umfangreiche Werk gliedert sich in 20 Kapitel. In dem Buch wird die Griechische Landschildkröte beschrieben, der Kerninhalt ist jedoch gleichermaßen auf alle europäischen Landschildkröten, einschließlich der Steppen- oder Vierzehenschildkröte zutreffend.

Futterpflanzen

320 Seiten, 445 Farbfotos, 150 Zeichnungen, 6 Infotafeln.
Format: 21,6 x 15,3 cm, hochwertiger Umschlag mit Fadenheftung.
ISBN: 978-3-9809774-3-9

„Futterpflanzen“ ist ein Kompendium, welches das reichhaltige Angebot geeigneter Wildpflanzen aufzeigt. In diesem umfangreichen Nachschlagewerk zum Thema finden Sie mit mehr als 360 aufgeführten Wildpflanzen eine äußerst große Auswahl an verwendbaren Futterpflanzen. Mehr als 160 Wildpflanzen sind themenbezogen beschrieben und aussagekräftig bebildert. Das beste Vorbild für eine artgerechte Ernährung ist die Natur und die dort noch wildlebenden Tiere. Es sind deshalb überwiegend Pflanzen ausgewählt worden, die sowohl in den Habitaten im Mittelmeerraum, als auch bei uns vorkommen und von den Tieren auch bevorzugt gefressen werden. Das Buch „Futterpflanzen“ soll dem engagierten Tierhalter eine Hilfe bei der Auswahl geeigneter Wildpflanzen sein und somit wesentlich zur Gesunderhaltung der Schildkröten beitragen. Die Pflanzen-Beschreibungen in diesem Buch richten sich in erster Linie an Halter von europäischen Landschildkröten. Alle aufgeführten Pflanzen eignen sich gleichermaßen aber auch für tropische Landschildkröten und für andere Pflanzen fressende Reptilien, wie zum Beispiel Agamen oder Leguane.

Sardinien, die Insel der europäischen Schildkröten

192 Seiten, 345 Farbfotos, 5 Diagramme.
Format: 21,6 x 15,3 cm, hochwertiger Umschlag mit Fadenheftung.
ISBN: 978-3-9809774-1-2

Sardinien ist aufgrund des Vorkommens der Griechischen Landschildkröte, der Breitrandschildkröte, der Maurischen Landschildkröte und der Europäischen Sumpfschildkröte die Insel der europäischen Schildkröten. Auf Sardinien finden sich die vielfältigsten Habitate mit unterschiedlichen klimatischen Zonen. Wüstenartige Dünenlandschaften mit Sommerlufttemperaturen weit über 45 °C. Tiefe Lagen in Meeresnähe, meernahe Hänge, Täler und Ebenen bis hin zu Fluss- und Bachtälern im Landesinneren. Aber auch Höhenlagen von bis zu 800 Meter mit Sommerlufttemperaturen bis zu 30 °C. Es sind alle Schildkrötenbiotope des gesamten Mittelmeerraumes vertreten. Ein idealer Lebensraum für die auf der Insel vorkommenden Schildkrötenarten.

NATURALISTIC KEEPING AND BREEDING OF HERMANN´S TORTOISES

Size A5, high-quality, plastic-coated cover; stitch-bound
352 pages, 530 colour photographs, 4 graphics, 1 table, 7 info tables.
ISBN: 978-3-9809774-4-9

Organized in more than 20 chapters, I do not only give an account of my personal experiences gathered over decades of keeping and breeding, but also and mainly present the results of my studies on European tortoises in their natural habitats. On the basis of unique photographic records from the wild, I illustrate the biology of all subspecies of Hermann's Tortoise in various countries throughout the Mediterranean Basin, and for the first time ever, document aspects of oviposition, hatching, and the ecology of hatchlings in nature.

The comprehensive book is structured in the chapters Preface, Introduction, General Notes, Conservation, Acquisition, Anatomy, Sensory Organs, Description of the Subspecies, Distribution, Climate, Threats, Outdoor Enclosure, Diet, Raising, Growth, Propagation, Hibernation, Diseases, The Chelonarium of the Author, Theft, Holidays, The most important Factors at a Glance, Epilogue, and an Appendix.

While the book focuses on Hermann's Tortoise, the information provided generally applies to all European tortoises, including the Central Asian or Horsfield's Tortoise as well.

Europäische Schildkröten
Lebensraum und Lebensweise

448 Seiten, 1490 Farbfotos.
Format: 21,6 x 15,3 cm, hochwertiger Umschlag mit Fadenheftung.
ISBN: 3-9809774-5-5

Schildkröten sind und bleiben Wildtiere, auch wenn sie über Generationen hinweg bei uns nachgezüchtet wurden. Im Gegensatz zu den Haustieren sind die Schildkröten in keiner Weise in der Lage, sich den von uns aufgezwungenen Lebensweisen anzupassen. Wer Schildkröten in seine Obhut nimmt, muss das wissen und seinen Pfleglingen möglichst naturnahe und somit artgerechte Bedingungen bieten. Sicher kann dies bei uns immer nur ein Kompromiss sein. Damit Sie in der Lage sind, diesen Kompromiss für sich und vor allem zum Wohle Ihrer Schildkröten zu finden, gebe ich Ihnen und auch allen interessierten Naturfreunden mit dem sehr umfangreich bebilderten Werk einen umfassenden Einblick in die ursprüngliche Welt aller land- und wasserbewohnenden Schildkrötenarten des europäischen Mittelmeerraumes.